新起点电脑教程

Premiere 2022 视频编辑基础教程 (微课版)

文杰书院　编著

清华大学出版社
北京

内 容 简 介

本书通过通俗易懂的语言、精挑细选的使用技巧、翔实生动的操作案例，引导读者由浅入深地学习 Premiere。全书共 13 章，包括视频编辑基础、Premiere 2022 基本操作、管理素材与合成视频、编辑与剪辑视频、视频的过渡转场效果、字幕与图形设计、编辑与制作音频、关键帧动画、添加与应用视频效果、颜色的校正与调整、叠加与抠像、渲染与输出视频等内容，读者通过学习这些内容并配合一系列的实例练习，有望成为精通视频制作和剪辑的高手。

Adobe 官方网站提供 Premiere 2022 软件下载，软件界面显示为 Premiere Pro 2022，与本书介绍的为同一款软件。本书涵盖 Premiere 2022 软件低、中、高级技术要点，内容全面，实例丰富，可操作性强，既适合 Premiere 零基础读者学习，也可供从事电影电视、短视频制作、广告设计等行业的用户学习使用，同时还可以作为社会培训机构及高等院校的教材或者教辅用书。

图书在版编目(CIP)数据

Premiere 2022 视频编辑基础教程：微课版/文杰书院编著. —北京：清华大学出版社，2023.6
新起点电脑教程
ISBN 978-7-302-63550-5

Ⅰ. ①P… Ⅱ. ①文… Ⅲ. ①视频编辑软件—教材 Ⅳ. ①TN94

中国国家版本馆 CIP 数据核字(2023)第 087764 号

责任编辑：魏　莹
封面设计：李　坤
责任校对：马素伟
责任印制：曹婉颖
出版发行：清华大学出版社
　　　　　网　　址：http://www.tup.com.cn, http://www.wqbook.com
　　　　　地　　址：北京清华大学学研大厦 A 座　　　　邮　　编：100084
　　　　　社 总 机：010-83470000　　　　　　　　　邮　　购：010-62786544
　　　　　投稿与读者服务：010-62776969, c-service@tup.tsinghua.edu.cn
　　　　　质量反馈：010-62772015, zhiliang@tup.tsinghua.edu.cn
印 装 者：北京同文印刷有限责任公司
经　　销：全国新华书店
开　　本：185mm×260mm　　　印　张：17.5　　　字　数：424 千字
版　　次：2023 年 6 月第 1 版　　　印　次：2023 年 6 月第 1 次印刷
定　　价：69.00 元

产品编号：101068-01

前　言

Premiere 2022 是一款常用的非线性视频编辑软件，具有视频剪辑、后期调色、视频特效、动画制作、音频处理等多方面的功能，被广泛应用于影视媒体等相关领域。本书按照初学者的学习规律，设计了从"快速入门"到"高级拓展"，再进阶到"实战应用"的自学路径，通过生动有趣的实际操作案例，辅助以通俗易懂的参数讲解，循序渐进地陪伴零基础读者从轻松入门开始，到更快地制作出完整的作品。

■ 本书能学到什么？

本书几乎涵盖 Premiere 2022 软件的所有功能，从基本工具、基础命令讲起，可以帮助读者快速掌握基本操作，同时本书还有扩展知识讲解，可以扩充读者的知识面。本书对于专业术语和概念，有生动、详细而不失严谨的讲解；对于一些不易理解的知识，有界面截图和答疑。本书在介绍基础操作后，还配有课堂范例、综合案例和作业练习等大量案例，有一定基础的读者可直接阅读案例的完成步骤，配合精彩的视频讲解，学会动手创作。全书共 13 章，主要包括以下几部分内容。

1. Premiere 2022 基础入门

第 1 章~第 3 章，介绍如何用 Premiere 2022 管理和编辑素材，包括数字视频编辑的相关概念、Premiere 2022 的工作界面、创建与配置项目并设置序列、导入不同类型的文件、编辑与管理素材等方面的知识，可帮助新手迅速建立有关 Premiere 2022 的知识体系。

2. 视频基本剪辑

第 4 章~第 6 章，全面介绍在 Premiere 2022 中剪辑视频、使用视频过渡效果、为视频添加字幕与图形等方面的知识与技巧。通过这 3 章的学习，读者可以学会对素材进行简单的基础剪辑操作，使素材连接更流畅，转场更自然。

3. 视频特效制作

第 7 章~第 11 章，全面介绍如何在 Premiere 2022 中编辑与制作音频，为视频添加关键帧动画，使用视频效果丰富素材内容，调整视频色彩以及抠像等方面的知识与技巧。熟练掌握这些内容，可以帮助读者制作出高级、酷炫的视频。

4. 视频合成与输出

第 12 章详细介绍渲染与输出视频的知识，包括输出不同格式的媒体文件，输出交换文件等内容。

5. 实战案例应用

第 13 章为综合实例，通过舞台直拍蒙版转场特效的制作，使读者在实践中将前面 12 章的内容融会贯通，真正做到学以致用。

■ 丰富的配套学习资源和获取方式

为帮助读者高效、快捷地学习本书知识点，我们不但为读者准备了与本书知识点有关的配套素材文件，而且还设计并制作了精品短视频教学课程，同时还为教师准备了 PPT 课件资源，读者均可以免费获取。

(一)配套学习资源

1. 同步视频教学课程

本书所有知识点均提供同步配套视频教学课程，读者可以通过扫描书中的二维码在线实时观看，也可以将视频课程下载保存到手机或者计算机中离线观看。

2. 配套学习素材

本书为每个章节实例提供了配套学习素材文件，如果想获取本书全部配套学习素材，读者可以通过"读者服务"文件获取下载。

3. 同步配套 PPT 教学课件

教师购买本书，可以获取与本书配套的 PPT 教学课件，以及《课程教学大纲与执行进度表》。

4. 附录 B 综合上机实训题

对于选购本书的教师或培训机构，可以获取 6 套综合上机实训案例。通过综合上机实训可以巩固和提高学生的实践动手能力。

5. 附录 C 知识与能力综合测试题

为了巩固和提高读者的学习效果，本书还提供了 3 套知识与能力综合测试题，便于教师、学生和读者用于学业能力测试。

6. 附录 D 课后习题答案

我们提供了与本书有关的课后习题、知识与能力综合测试题答案，便于读者对照检测学习效果。

(二)获取配套学习资源的方式

读者在学习本书的过程中，可以使用微信的扫一扫功能，扫描右方二维码，下载"读者服务.docx"文件，获取与本书有关的技术支持服务信息和全部配套学习资源。

读者服务

本书由文杰书院组织编写，参与本书编写工作的人员有李军、袁帅、文雪、李强等。我们真切希望读者在阅读本书之后，可以开阔视野，提升实践操作技能，并从中学习和总结操作的经验和规律，达到灵活运用的水平。鉴于编者水平有限，书中纰漏和考虑不周之处在所难免，热忱欢迎读者予以批评、指正，以便我们日后能为您编写更好的图书。

编　者

目 录

新起点
电脑教程

第 1 章

视频编辑基础

本章要点

- 数字视频编辑基本概念
- 影视制作常用格式
- 数字视频编辑

本章主要内容

本章主要介绍数字视频编辑基本概念和影视制作常用格式方面的知识，以及数字视频编辑的相关知识。在本章的最后还针对实际的工作需求，讲解了启动和退出 Premiere 2022、启动 Premiere 2022 时打开最近使用的项目和保存项目文件的方法。通过对本章内容的学习，读者可以掌握视频编辑基础方面的知识，为深入学习 Premiere 2022 奠定基础。

1.1　数字视频编辑基本概念

数字视频可以不失真地进行多次复制，非常方便传播和编辑操作。本节主要讲述数字视频编辑与影视制作的基础知识。

1.1.1　模拟信号与数字信号

现如今，数字视频已经逐步取代模拟视频，成为新一代视频应用的标准。下面详细介绍模拟信号与数字信号的相关知识。

1. 模拟信号

模拟信号是指用连续变化的物理量所表达的信息，通常又被称为连续信号，它在一定的时间范围内可以有无限多个不同的取值。实际生产生活中的各种物理量，如摄像机拍摄的图像，录音机录制的声音，车间控制室所记录的压力、转速、湿度等都是模拟信号，如图 1-1 所示。

2. 数字信号

数字信号是指自变量是离散的、因变量也是离散的信号，这种信号的自变量用整数表示，因变量用有限数字中的一个数字来表示。在计算机中，数字信号的大小常用有限位的二进制数表示，如图 1-2 所示。

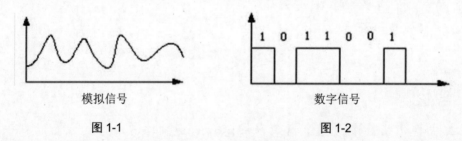

模拟信号　　　　　　　　　　　　数字信号

图 1-1　　　　　　　　　　　　图 1-2

在数字电路中，由于数字信号只有 0、1 两个状态，它的值是通过中央值来判断的，在中央值以下规定为 0，在中央值以上规定为 1，所以即使混入了其他干扰信号，只要干扰信号的值不超过阈值范围，就可以再现原来的信号。即使因干扰信号的值超过阈值范围而出现误码，只要采用一定的编码技术，也很容易将出错的信号检测出来并加以纠正。因此，与模拟信号相比，数字信号在传输过程中具有更高的抗干扰能力及更远的传输距离，且失真幅度更小。

1.1.2　帧速率和场

帧、帧速率、场和扫描方式这些词汇都是视频编辑中常常会出现的专业术语，它们都与视频播放有关。下面将逐一对这些专业术语和与其相关的知识进行详细介绍。

1. 帧

帧就是影像动画中最小单位的单幅影像画面，相当于电影胶片上的每一格镜头。一帧就是一幅静止的画面，连续的帧即形成动画，在早期的动画制作中，这些图像中的每一张都需要动画师手工绘制，如图 1-3 所示。

图 1-3

2. 帧速率

帧速率是指每秒刷新图片的帧数，单位为帧/秒(fps)，也可以理解为图形处理器每秒能够刷新几次。对影片内容而言，帧速率是指每秒所显示的静止帧数。要生成平滑连贯的动画效果，帧速率一般不小于 8fps，而电影的帧速率为 24fps。捕捉动态视频内容时，此数字越高越好。

帧速率也是描述视频信号的一个重要概念，对每秒扫描多少帧有一定的要求。对于 PAL 制式电视系统，帧速率为 25fps；而对于 NTSC 制式电视系统，帧速率为 30fps。虽然这些帧速率足以提供平滑的动画，但它们还没有高到足以使视频避免闪烁的程度。根据实验，人的眼睛可觉察到以低于 1/50 秒速度刷新图像而造成的闪烁，而要求帧速率提高到这种程度，需要显著增加系统的频带宽度，这是相当困难的。

3. 场

在采用隔行扫描方式进行播放的显示设备中，每一帧画面都会被拆分显示，而拆分后得到的残缺画面就被称为"场"。也就是说，帧速率为 30fps 的显示设备，实质上每秒需要播放 60 场画面；而对于帧速率为 25fps 的显示设备，其每秒需要播放 50 场画面。

在播放过程中，一幅画面首先显示的场被称为"上场"，而紧随其后播放的、组成该画面的另一场则被称为"下场"。

4. 逐行扫描和隔行扫描

显示器的扫描方式分为隔行扫描和逐行扫描两种，如图 1-4 所示。逐行扫描是比隔行扫描更为先进的一种扫描方式，它是指显示屏显示图像时，从屏幕左上角的第一行开始逐行扫描，整个图像一次扫描完成。因此图像显示画面闪烁程度小，显示效果好。目前先进的显示器大都采用逐行扫描方式。隔行扫描就是每一帧被分割为两场，每一场包含一帧中所有的奇数扫描行或者偶数扫描行，通常是先扫描奇数得到第一场，然后扫描偶数行得到第二场。

隔行扫描是传统的电视扫描方式。按我国电视标准，一幅完整图像垂直方向由 625 条扫描线构成，一幅完整图像分两次显示，首先显示奇数场(1、3、5…)，然后再显示偶数场

(2、4、6…)。由于线数是恒定的，所以屏幕越大，扫描线越粗，大屏幕的背投电视扫描线相对较宽，而小屏幕的电视扫描线相对细一些。

逐行扫描是指按 1、2、3…的顺序一行一行地扫描显示图像，构成一幅图像的 625 行一次显示完成的一种扫描方式。由于一幅完整画面由 625 条扫描线组成，所以在观看电视时，扫描线几乎不可见。逐行扫描的垂直分辨率较隔行扫描提高了一倍，完全克服了隔行扫描行固有的大面积闪烁的缺点，使图像更为细腻、稳定，在大屏幕电视上观看时效果尤佳，即使长时间近距离观看眼睛也不易疲劳。

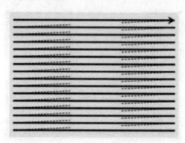

逐行扫描

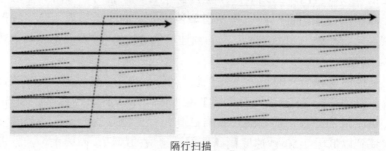

隔行扫描

图 1-4

智慧锦囊

"场"的概念仅适用于采用隔行扫描方式进行播放的显示设备（如电视机），对于采用胶片进行播放的显像设备（胶片放映机）来说，由于其显像原理与电视机类产品完全不同，因此不会出现任何与"场"有关的内容。

1.1.3 分辨率和像素比

分辨率有显示分辨率与图像分辨率两种。显示分辨率(屏幕分辨率)表示屏幕图像的精密度，是指显示器所能显示的像素有多少。由于屏幕上的点、线和面都是由像素组成的，显示器可显示的像素越多，画面就越精细，同样的屏幕区域内能显示的信息也越多，所以分辨率是非常重要的性能指标。可以把整个图像想象成一个大型的棋盘，而分辨率的表示方式就是所有经线和纬线交叉点的数目。在显示分辨率一定的情况下，显示屏越小图像越清晰；反之，显示屏大小固定时，显示分辨率越高图像越清晰。图像分辨率是指图像中存储的信息量，即每英寸图像内有多少个像素点，单位为 PPI(pixels per inch，像素每英寸)。

像素比是指图像中的一个像素的宽度与高度之比。DV 基本上使用矩形像素，在 NTSC (National Television Systems Committee)制式视频中是纵向排列的，而在 PAL(Phase Alternative Line)制式视频中是横向排列的。使用计算机图形软件制作生成的图像大多使用方形像素。

1.2 影视制作常用格式

对于一名影视节目编辑人员来说，除需要熟练掌握视频编辑软件的使用方法外，还应该掌握一定的影视创作基础知识，才能更好地进行影视节目的编辑工作。本节将详细介绍电视制式、常用视频格式、常用音频格式以及高清视频的相关知识。

1.2.1 电视制式

电视制式就是用来实现电视图像信号和伴音信号或其他信号传输的方法和电视图像显示格式所采用的技术标准。只有遵循一样的技术标准，电视机才能正常接收电视信号、播放电视节目。

世界上主要使用的电视广播制式有 NTSC、PAL、SECAM 三种，中国大部分地区使用 PAL 制式。PAL 和 NTSC 这两种制式是不能互相兼容的，如果在 PAL 制式的电视上播放 NTSC 制式的影像，画面将变成黑白色，反之在 NTSC 制式电视上播放 PAL 制式的影像也是一样。

1. NTSC 制式

NTSC 的中文翻译为正交平衡调幅制，简称 NTSC 制式。采用这种制式的主要国家有美国、加拿大和日本等。这种制式的帧速率为 29.97fps，每帧 525 行 262 线，标准分辨率为 720×480。

NTSC 制式的优点是电视接收机电路简单，缺点是容易产生偏色，因此 NTSC 制式的电视机都有一个色调手动控制电路，供用户选择使用。

2. PAL 制式

PAL 的中文翻译为正交平衡调幅逐行倒相制，简称 PAL 制式。中国、德国、英国和其他一些西北欧国家采用这种制式。这种制式的帧速率为 25fps，每帧 625 行 312 线，标准分辨率为 720×576。

PAL 制式可以克服 NTSC 制式容易偏色的缺点，但电视接收机电路复杂，要比 NTSC 制式电视接收机多一个一行延时线电路，并且图像容易产生彩色闪烁。

3. SECAM 制式

SECAM 是法文的缩写，中文翻译为顺序传送彩色信号与存储恢复彩色信号制，是由法国在 1996 年制定的一种彩色电视制式，简称 SECAM 制式。采用这种制式的有法国、俄罗斯和非洲一些国家。SECAM 制式也克服了 NTSC 制式相位失真的缺点，采用时间分隔法来传送两个色差信号。

1.2.2　常用视频格式

在编辑视频影片之前，用户首先需要了解视频格式的常识，本节将详细介绍常用视频格式的种类。

1. MPEG/MPG/DAT 格式

MPEG/MPG/DAT 类型的视频文件都是由 MPEG 编码技术压缩而成的，被广泛应用于 VCD/DVD 和 HDTV 的视频编辑与处理等方面。其中，VCD 内的视频文件由 MPEG 1 编码技术压缩而成(刻录软件会自动将 MPEG 1 编码的视频文件转换为 DAT 格式)，DVD 内的视频文件则由 MPEG 2 编码技术压缩而成。

2. MOV 格式

MOV 是由苹果公司研发的一种视频格式，是与 QuickTime 音视频软件配套的格式。MOV 格式的文件不仅可以在苹果公司所生产的 Mac 机上播放，还可以在基于 Windows 操作系统的 QuickTime 软件中播放，MOV 格式逐渐成为使用较为频繁的视频文件格式。

3. AVI 格式

AVI 是由微软公司研发的视频格式，其优点是允许影像的视频部分和音频部分交错在一起同步播放，调用方便、图像质量好，缺点是文件体积过于庞大。

4. ASF 格式

ASF(Advanced Streaming Format，高级串流格式)是微软公司为了和 RealNetworks 公司竞争而发展出来的一种可直接在网上观看视频节目的文件压缩格式。ASF 使用了 MPEG 4 压缩算法，其压缩率和图像的质量都很不错。

5. WMV 格式

WMV 是一种可在互联网上实时传播的视频文件格式，其主要优点在于可扩充的媒体类型、本地或网络回放、可伸缩的媒体类型、流的优先级化、多语言支持、扩展性等。

6. RM/RMVB 格式

RM/RMVB 是按照 RealNetworks 公司制定的音频/视频压缩规范而创建的视频文件格式。RM 格式的视频文件只能进行本地播放，而 RMVB 格式的文件除了可以进行本地播放外，还可以通过互联网进行流式播放，用户只需进行短时间的缓冲，便可不间断地长时间欣赏影视节目。

1.2.3　常用音频格式

音频格式是指对声音文件进行数/模转换的过程。

1. WAVE 格式

WAVE(*.wav)是微软公司开发的一种声音文件格式，用于保存 Windows 平台的音频信息资源，支持 MSADPCM、CCITT A LAW 等多种压缩算法，同时也支持多种音频位数、采样频率和声道。标准格式的 WAV 文件的采样频率为 44.1kHz，量化位数为 16 位，是各种音频文件中音质最好的，同时也是体积最大的。

2. AIFF 格式

AIFF 是 Audio Interchange File Format(音频交换文件格式)的英文缩写，是一种存储数字音频(波形)的数据文件格式，可应用于个人计算机及其他电子音响设备以存储音乐数据。AIFF 支持 ACE2、ACE8、MAC3 和 MAC6 压缩格式，支持 16 位的 44.1kHz 立体声。

3. MP3 格式

MP3 是一种采用了有损压缩算法的音频文件格式，是 MPEG-1 和 MPEG-2 音频标准的一部分。它剔除了某些人耳分辨不出的音频信号，从而实现了高达 1∶12 或 1∶14 的压缩比。

此外，MP3 还可以根据不同需要使用不同的采样率进行编码，如 96kb/s、112kb/s、128kb/s 等。其中，使用 128kb/s 采样率所获得的 MP3 的音质非常接近于 CD 音质，但其大小仅为 CD 音乐的 1/10，因此成为目前最为流行的一种音乐文件。

4. Ogg Vorbis 格式

Ogg Vorbis 是一种新的音频压缩格式，类似于 MP3 等现有的音乐格式。它是完全免费、开放和没有专利限制的。Vorbis 是这种音频压缩机制的名称，Ogg 是一个计划的名称，该计划意图设计一个完全开放的多媒体系统，目前该计划只实现了 Ogg Vorbis 这一部分。Ogg Vorbis 文件的扩展名为*.ogg，设计格式非常先进。这种文件格式可以不断地进行大小和音质的改良，而不影响旧有的编码器或播放器。

5. WMA 格式

WMA(Windows Media Audio)是微软公司推出的与 MP3 格式齐名的一种音频格式。WMA 在压缩比和音质方面都超过了 MP3，更是远胜于 RA(Real Audio)，即使在较低的采样频率下也能产生较好的音质。

6. AMR 格式

AMR(Adaptive Multi-Rate)中文翻译为自适应多速率编码，主要用于移动设备的音频文件，压缩比比较大，但相对其他的压缩格式质量比较差，由于多用于通话，效果还是很不错的。

7. MIDI 格式

MIDI(Musical Instrument Digital Interface)格式允许数字合成器和其他设备交换数据。MIDI 文件并不是一段录制好的声音，而是记录声音的信息，然后再告诉声卡如何再现音乐的一组指令。MIDI 文件每存 1 分钟的音乐只用 5～10KB。MIDI 文件主要用于原始乐器作品、流行歌曲的业余表演、游戏音轨、电子贺卡等方面。MIDI 文件的扩展名为*.mid。*.mid 文件重放的效果完全依赖声卡的档次，它的最大用处是在计算机作曲领域。*.mid 文件可以 用作曲软件制作，也可以通过声卡的 MIDI 口把外接音序器演奏的乐曲输入计算机中，制成 *.mid 文件。

1.2.4 高清视频

现今视频主要有一般、标准、高清、超清几种，高清视频就是现在的 HDTV。

要解释 HDTV，首先要了解 DTV。DTV 是一种数字电视技术。所谓数字电视，是指从 演播室到发射、传输、接收过程中的所有环节都是使用数字电视信号，也就是该系统所有 的信号传播都是通过由二进制数字所构成的数字流来完成的。数字信号的传播速率为 19.39Mbps，如此大的数据流传输速度保证了数字电视的高清晰度，克服了模拟电视的先天 不足。同时，由于数字电视可以允许几种制式信号同时存在，因此每个数字频道下又可分 为若干个子频道，能够满足以后频道不断增多的需求。HDTV 是 DTV 标准中最高的一种， 即 High Definition TV，故而称为 HDTV。

HDTV 规定了视频必须至少支持 720 线非交错式(720P，P 代表逐行)或 1080 线交错式 隔行(1080i，i 代表隔行)扫描，屏幕纵横比为 16∶9。音频输出为 5.1 声道(杜比数字格式)， 同时能兼容接收其他较低格式的信号并进行数字化处理重放。

HDTV 有常见的 3 种分辨率，分别是 720P(1280×720，非交错式，欧美国家有的电视 台就是采用这种分辨率)、1080i(1920×1080，隔行扫描)和 1080P(1920×1080，逐行扫描)， 其中网络上以 720P 和 1080P 最为常见，而 480P 属于标清，480P 的效果就是市面上的 DVD 效果。

480P 是一种视频显示格式，字母 P 表示逐行，数字 480 表示其垂直分辨率，也就是垂 直方向有 480 条水平扫描线；而每条水平扫描线有 640 个像素，屏幕纵横比为 4∶3，即通 常所说的标准清晰度电视格式(Standard Definition TV，SDTV)。帧频通常为 30Hz 或 60Hz。 一般描述该格式时，最后的数字通常表示帧频。480P 通常应用于使用 NTSC 制式的国家和 地区，如北美、日本等。480P60 格式被认为是增强清晰度电视格式(Enhanced Definition TV， EDTV)。

1.3 数字视频编辑

在电影电视的发展过程中，视频节目的制作先后经历了物理剪辑、电子剪辑和数字剪 辑 3 个发展阶段，编辑方式也先后出现了线性编辑和非线性编辑。非线性编辑的出现，使 得视频影像的处理方式进入了数字时代。

1.3.1 线性编辑与非线性编辑

随着影像的数字化记录方法的多样化，在编辑视频影片之前，用户首先需要了解线性

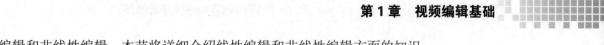

编辑和非线性编辑，本节将详细介绍线性编辑和非线性编辑方面的知识。

1. 线性编辑

线性编辑是电视节目的传统编辑方式，是一种需要按时间顺序从头到尾进行编辑的节目制作方式，它所依托的是以一维时间轴为基础的线性记录载体，如磁带编辑系统。素材在磁带上按时间顺序排列，这种编辑方式要求编辑人员首先编辑素材的第一个镜头，结尾的镜头最后编辑，它意味着编辑人员必须对一系列镜头的组接做出正确的判断，事先做好构思，一旦编辑完成，就不能轻易改变这些镜头的组接顺序。因为对编辑带的任何改动，都会直接影响到记录在磁带上的信号的真实地址，从改动点以后直至结尾的所有部分都将受到影响，需要重新编辑一次或进行复制。

线性编辑具有以下优点。

(1) 可以很好地保护原来的素材，能多次使用。

(2) 不损伤磁带，能发挥磁带随意录制、随意抹掉的特点，降低制作成本。

(3) 能保持同步与控制信号的连续性，组接平稳，不会出现信号不连续的情况。

(4) 可以迅速而准确地找到最适当的编辑点，正式编辑前可预先检查，编辑后可立刻观看编辑效果，发现不妥可马上修改。

(5) 声音与图像可以做到完全吻合，还可以分别进行修改。

线性编辑具有以下缺点。

(1) 线性编辑系统只能在一维时间轴上按照镜头的顺序一段一段地搜索，不能跳跃进行。因此，选择素材很费时间，影响编辑效率。

(2) 模拟信号经多次复制，信号会严重衰减，声画质量会降低。

(3) 线性编辑难以对半成品完成随意的插入或删除等操作。

(4) 线性编辑系统连线复杂，有视频线、音频线、控制线、同步机，构成复杂，可靠性相对较低，经常出现不匹配的现象。

(5) 较为生硬的操作界面限制制作人员创造性的发挥。

2. 非线性编辑

传统的线性视频编辑是按照信息记录顺序，从磁带中重放视频数据进行编辑，需要较多的外部设备，如放像机、录像机、特技发生器、字幕机，工作流程十分复杂。非线性编辑是指剪切、复制和粘贴素材时无须在存储介质上对其进行重新安排的视频编辑方式。采用非线性编辑方式，还能实现诸多处理效果，如添加视觉特技、更改视觉效果等。现在绝大多数的电视电影制作机构都采用了非线性编辑系统。

非线性编辑(简称非编)系统是计算机技术和电视数字化技术的结晶。它使电视制作的设备由分散到简约，制作速度和画面效果均有很大提高。非线性编辑具有以下特点。

(1) 信号质量高：使用非线性编辑系统，无论用户如何处理或编辑，拷贝多少次，信号质量始终如一。当然，信号的压缩与解压缩编码会有一些质量损失，但与线性编辑相比，损失程度大大减小。

(2) 制作水平高：在非线性编辑系统中，大量的素材都存储在硬盘上，可以随时调用，不必费时费力地逐帧寻找。素材的搜索极其容易，使整个编辑过程就像文字处理一样，既灵活又方便。

（3）设备寿命长：非线性编辑系统对传统设备的高度集成，使后期制作所需的设备降至最少，有效地节约了资金。而且由于是非线性编辑，因此可以避免大量磨损磁鼓，使得录像设备的寿命大大延长。

（4）便于升级：非线性编辑系统所采用的是易于升级的开放式结构，支持许多第三方的硬件、软件。通常功能的增加只需要通过软件的升级就能实现。

（5）网络化：非线性编辑系统可充分利用网络方便地传输数码视频，实现资源共享，还可利用网络上的计算机协同创作，对数码视频资源进行管理、查询。

1.3.2　非线性编辑系统的构成

非线性编辑的实现，要依靠软件与硬件两方面的共同支持，而两者的组合便称为非线性编辑系统。目前，一套完整的非线性编辑系统，其硬件部分至少应包括一台多媒体计算机，此外还需要视频卡、IEEE 1394 卡及其他专用板卡和外围设备等，如图 1-5 所示。

视频卡用于采集和输出模拟视频，也就是担负着模拟视频与数字视频之间相互转换的功能，如图 1-6 所示。

　　　　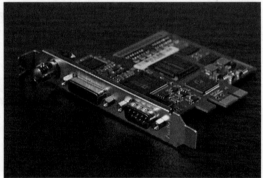

图 1-5　　　　　　　　　　　　　　　　　图 1-6

知识精讲

现如今，随着计算机硬件性能的提高，视频处理对专用硬件设备的依赖性越来越小，而软件在非线性编辑过程中的作用日益突出。因此，熟练掌握一款像 Premiere 之类的非线性编辑软件便显得尤为重要。从软件上看，非线性编辑系统主要由非线性编辑软件、图像处理软件、二维动画软件、三维动画软件和音频处理软件等构成。

1.3.3　非线性编辑的工作流程

非线性编辑的工作流程可分为素材采集与输入、素材编辑、特技处理、字幕添加和影片输出 5 个步骤。本节将详细介绍非线性编辑的工作流程。

1. 素材采集与输入

素材是视频节目的基础，因此收集、整理素材后将其导入编辑系统，便成为正式编辑视频节目前的首要工作。利用 Premiere 2022 的素材采集功能，用户可以方便地将磁带或其他存储介质上的模拟音视频信号转换为数字信号存储在计算机中，并将其导入编辑项目中，使其成为可以处理的素材。

2. 素材编辑

大多数情况下，并不是素材中的所有部分都会出现在编辑完成的视频中。很多时候，视频编辑人员需要使用剪切、复制、粘贴等方法，选择素材内最合适的部分，然后按一定顺序将不同的素材组接成一段完整的视频，这便是编辑素材的过程。

3. 特技处理

由于拍摄手段与技术及其他原因的限制，很多时候人们都无法直接得到所需要的画面效果。此时，视频编辑人员便需要通过特技处理来实现难以拍摄或根本无法拍摄到的画面效果。

4. 字幕添加

字幕是影视节目的重要组成部分，Premiere 2022 拥有强大的字幕制作功能，操作也极其简便。此外，Premiere 2022 还内置了大量的字幕模板，很多时候用户只需借助字幕模板，便可以获得令人满意的字幕效果。

5. 影片输出

视频节目在编辑完成后，就可以输出回录到录像带上。当然，根据需要也可以将其输出为视频文件发布到网上，或者直接刻录成 VCD 光盘、DVD 光盘等。

1.4 实践案例与上机指导

通过对本章内容的学习，读者基本可以掌握视频编辑基础知识，下面通过实际操作，以达到巩固学习、拓展提高的目的。

1.4.1 启动和退出 Premiere 2022

在使用 Premiere 2022 编辑视频之前，需要启动 Premiere 2022，本节将详细介绍启动和退出 Premiere 2022 的方法。

第 1 步 在桌面中双击 Premiere 2022 程序的快捷图标，打开 Premiere 2022 程序，如图 1-7 所示。

第 2 步 完成视频编辑后，单击程序右上角的【关闭】按钮即可退出 Premiere 2022 程序，如图 1-8 所示。

图 1-7

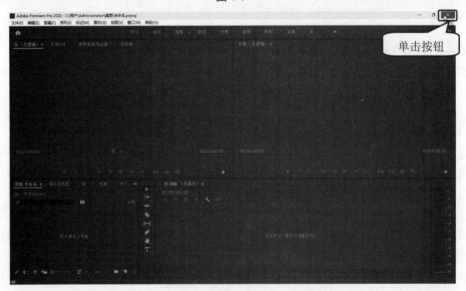

图 1-8

1.4.2 启动时打开最近使用的项目

用户在启动 Premiere 2022 时还可以直接打开最近使用过的项目，最近使用过的项目会显示在开始界面。下面介绍启动时打开最近使用项目的方法。

第1步 在桌面中双击 Premiere 2022 程序的快捷图标，打开 Premiere 2022 程序，在【最近使用项】区域单击准备打开的项目文件名称，如图 1-9 所示。

第2步 通过以上步骤即可完成启动时打开最近使用项目的操作，如图 1-10 所示。

图 1-9

图 1-10

1.4.3　保存项目文件

由于 Premiere 2022 软件在创建项目之初就已经要求用户设置项目的保存位置，所以在保存项目文件时无须再次设置文件保存路径。本节将详细介绍保存项目文件的操作。

第 1 步　在 Premiere 2022 中建立项目，*1.* 单击【文件】主菜单，*2.* 在弹出的菜单中选择【保存】菜单项，如图 1-11 所示。

第 2 步　通过以上步骤即可完成保存 Premiere 项目文件的操作，如图 1-12 所示。

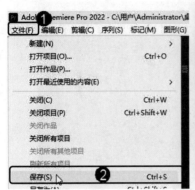

图 1-11   图 1-12

1.5　思考与练习

一、填空题

1. 对影片内容而言，_____是指每秒所显示的静止帧格数。

2. _____就是影像动画中最小单位的单幅影像画面，相当于电影胶片上的每一格镜头。

3. 模拟信号是指用连续变化的_____所表达的信息，通常又被称为连续信号，它在一定的时间范围内可以有无限多个不同的取值。

4. 帧速率是指每秒刷新的图片的_____，也可以理解为图形处理器每秒能够刷新几次。

5. 分辨率可以用_____分辨率和_____分辨率两种方式表示。

6. 像素比是指图像中的一个像素的_____与_____之比。

二、判断题

1. MP3 是视频格式。 （　　）

2. 像素比是指图像中的一个像素的宽度与高度之比。 （　　）

3. 世界上主要使用的电视广播制式有 PAL、NTSC、SECAM 三种。 （　　）

4. 现今视频主要有一般、标准、高清、超清几种，高清视频就是现在的 HDTV。（　　）

三、思考题

1. 如何启动和退出 Premiere 2022?

2. 如何在启动 Premiere 2022 时打开最近使用的项目？

第2章

Premiere 2022 基本操作

本章要点

- Premiere 2022 的工作界面
- 创建与配置项目
- Premiere 视频编辑基本流程

本章主要内容

本章主要介绍 Premiere 2022 的工作界面和创建与配置项目方面的知识与技巧，以及 Premiere 视频编辑基本流程。在本章的最后还针对实际的工作需求，讲解了重置当前工作界面、设置 Premiere 界面亮度和使用【音频】模式工作界面的方法。通过对本章内容的学习，读者可以掌握 Premiere 2022 基本操作方面的知识，为深入学习 Premiere 2022 知识奠定基础。

2.1 Premiere 2022 的工作界面

在使用 Premiere 2022 制作视频之前，需要对 Premiere 2022 软件的工作界面有一定的了解，掌握各个面板的常用功能，为制作视频奠定基础。本节将介绍 Premiere 2022 工作界面方面的知识。

2.1.1 工作界面和面板

启动 Premiere 2022，程序默认打开的工作界面是【学习】模式工作界面，如图 2-1 所示。其特点在于该布局方案为用户进行项目管理、查看源素材和节目播放效果、编辑时间轴等多项工作进行了优化，使用户在进行此类操作时能够快速找到所需面板或工具，同时为初学者提供了学习视频。

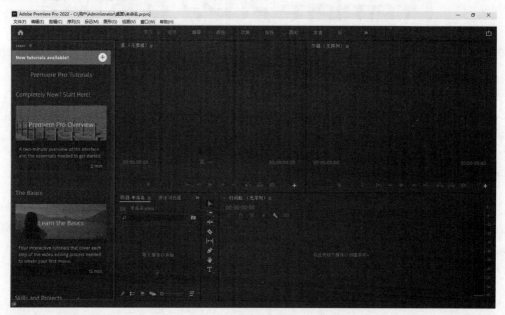

图 2-1

Premiere 2022 提供了 12 种工作界面布局，以便用户在进行不同类型的编辑工作时，能够达到更高的工作效率。用户可以直接单击菜单栏下面的【工作区布局】工具条中的标签，快速选择想要使用的界面布局，如【音频】模式工作界面、【颜色】模式工作界面、【编辑】模式工作界面、【效果】模式工作界面等，如图 2-2 所示。

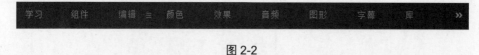

图 2-2

Premiere 2022 的工作界面由多个活动面板组成，下面详细介绍常用的几个工作面板的相关知识。

1.【项目】面板

【项目】面板用于对素材进行导入、存放和管理，该面板可以用多种方式显示素材，包括素材的缩略图、名称、类型、颜色标签、出入点等信息。在该面板中也可为素材分类、重命名素材、新建素材等，如图 2-3 所示。

2.【节目】面板

【节目】面板用来显示音视频节目编辑合成后的最终效果，用户可以通过预览最终效果来估算编辑的效果与质量，以便进一步调整和修改，如图 2-4 所示。

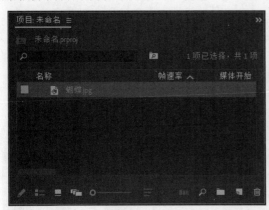

图 2-3

图 2-4

3.【时间轴】面板

【时间轴】面板是 Premiere 2022 中最主要的编辑面板，在该面板中用户可以按照时间顺序排列和连接各种素材，可以剪辑片段、叠加图层、设置动画关键帧和合成效果等。时间轴还可多层嵌套，该功能对制作影视长片或者复杂特效十分有用，如图 2-5 所示。

4.【效果】面板

【效果】面板的作用是提供多种视频过渡效果，在 Premiere 2022 中，系统共为用户提供了 70 多种视频过渡效果，如图 2-6 所示。

图 2-5

图 2-6

5.【效果控件】面板

如果想要修改视频过渡效果，可以在【效果控件】面板中进行设置。单击【窗口】主

菜单，在弹出的菜单中选择【效果控件】菜单项，即可打开【效果控件】面板，如图 2-7
所示。

6. 【源】面板

【源】面板的主要作用是预览和修剪素材，编辑影片时只需双击【项目】窗口中的素
材，即可通过【源】面板中的监视器预览效果。在该面板中，素材预览区的下方为时间标
尺，底部则为播放控制区，如图 2-8 所示。

7. 【工具】面板

【工具】面板主要用于对时间轴上的素材进行剪辑、添加或移除关键帧等操作，如
图 2-9 所示。

图 2-7　　　　　　　　　　　　　图 2-8　　　　　　　　　　图 2-9

8. 【字幕】面板

单击【文件】主菜单，在弹出的菜单中选择【新建】菜单项，在弹出的子菜单中选择
【旧版标题】菜单项，打开【新建字幕】对话框，单击【确定】按钮，即可弹出【字幕】
面板，如图 2-10 所示。

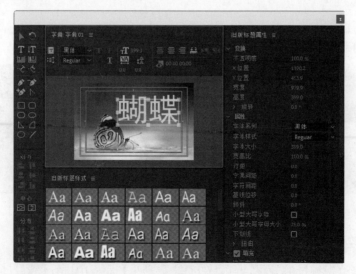

图 2-10

9. 【基本图形】面板

值得注意的是，使用旧版标题创建字幕的方法在 Premiere 2022 中已停用，用户可以使用全新的【基本图形】面板创建字幕，单击【窗口】菜单，在弹出的菜单中选择【基本图形】菜单项，打开【基本图形】面板，用户可以在其中创建字幕和形状等元素，如图 2-11 所示。

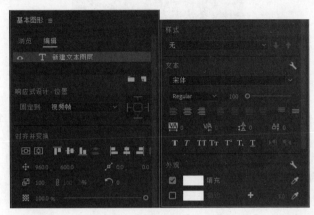

图 2-11

10. 【音轨混合器】面板

【音轨混合器】面板是 Premiere 2022 为用户制作高质量音频所准备的多功能音频素材处理平台。利用 Premiere 音轨混合器，用户可以在现有音频素材的基础上创建复杂的音频效果。音轨混合器由若干音频轨道控制器和播放控制器组成，而每个轨道的控制器内又有对应轨道的控制按钮和音量控制器等，如图 2-12 所示。

11. 【历史记录】面板

【历史记录】面板中记录了所有用户曾经操作过的步骤，单击某一步骤名称即可返回到该步骤，便于用户修改操作，如图 2-13 所示。

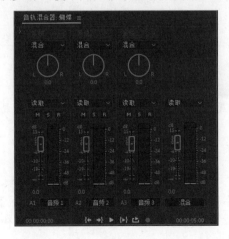

图 2-12

图 2-13

12.【信息】面板

利用【信息】面板可以查看当前素材源监视器中显示的素材信息，包括类型、入点、出点、持续时间、所在序列、当前所在时间点等信息，如图 2-14 所示。

图 2-14

2.1.2 设置和保存工作区

除了使用 Premiere 2022 提供的工作区模式外，用户也可以自定义工作区并将其保存。下面详细介绍设置和保存工作区的方法。

第 1 步 启动 Premiere 2022 程序，单击【窗口】菜单，打开需要的面板并调整各面板的大小，调整完成后执行【窗口】→【工作区】→【另存为新工作区】命令，如图 2-15 所示。

第 2 步 打开【新建工作区】对话框，**1.** 在【名称】文本框中输入名称，**2.** 单击【确定】按钮，如图 2-16 所示。

图 2-15

图 2-16

第 3 步 可以看到菜单栏下面的【工作区布局】工具条中新添加了一个 "aa" 布局，通过以上步骤即可完成设置和保存工作区的操作，如图 2-17 所示。

知识精讲

如果想要删除创建的工作区，单击【窗口】菜单，在弹出的菜单中选择【工作区】菜单项，选择【编辑】子菜单项，打开【编辑工作区】对话框，选中准备删除的工作区名称，单击【删除】按钮即可删除工作区。

图 2-17

完成操作

2.1.3　设置首选项

用户可以对 Premiere 2022 的外观、软硬件等进行个性化设置。下面详细介绍设置首选项的方法。

第 1 步　启动 Premiere 2022 程序，**1.** 单击【编辑】菜单，**2.** 在弹出的菜单中选择【首选项】菜单项，**3.** 在弹出的子菜单中选择【常规】子菜单项，如图 2-18 所示。

第 2 步　打开【首选项】对话框，在【常规】界面中可以设置各项具体参数，设置后单击【确定】按钮即可完成首选项参数的设置，如图 2-19 所示。

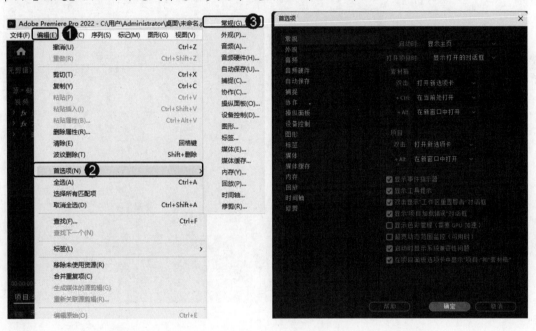

图 2-18　　　　　　　　　　　　　　　图 2-19

2.1.4　课堂范例——自定义快捷键

用户可以为 Premiere 2022 中的各种命令设置快捷键，以便在编辑影片时提高工作效率。自定义设置快捷键的方法非常简单，本课堂范例将详细介绍自定义快捷键的方法。

◀◀ 扫码看视频(本节视频课程时间：14 秒)

第 1 步　启动 Premiere 2022 程序，**1.** 单击【编辑】菜单，**2.** 在弹出的菜单中选择【快捷键】菜单项，如图 2-20 所示。

图 2-20

第 2 步　打开【键盘快捷键】对话框，在该对话框中用户可以设置各种命令和工具的快捷键，如图 2-21 所示。

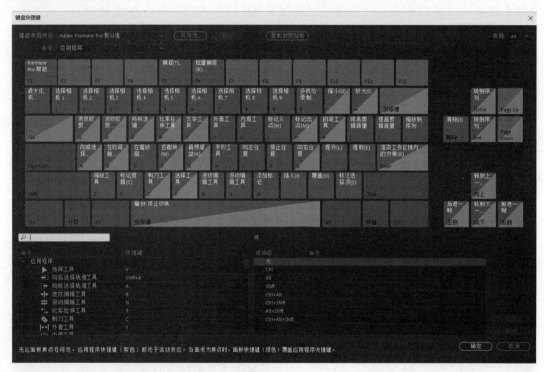

图 2-21

2.1.5　课堂范例——选择与使用界面布局

Premiere 2022 提供了 12 种工作界面布局，分别是【学习】【组件】【编辑】【颜色】【效果】【音频】【图形】【字幕】【库】【元数据记录】【作品】【所有面板】，用户可以根据需要进行选择。本范例将以使用【图形】界面布局为例，介绍选择与使用界面布局的方法。

◄◄ 扫码看视频(本节视频课程时间：16 秒)

第 1 步　启动 Premiere 2022 程序，单击菜单栏下面的【工作区布局】工具条中的【图形】选项，如图 2-22 所示。

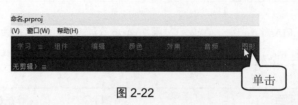

图 2-22

第 2 步　程序界面发生变化，通过以上步骤即可完成选择使用【图形】界面布局的操作，如图 2-23 所示。

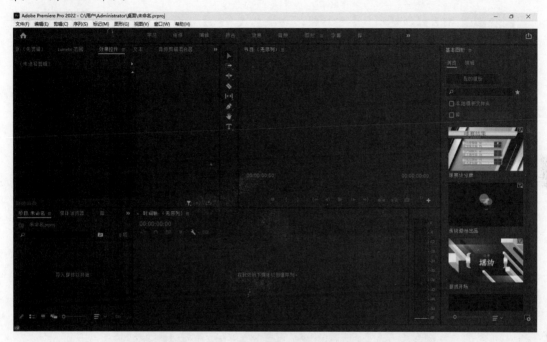

图 2-23

2.2　创建与配置项目

在 Premiere 2022 中，项目是为了获得某个视频剪辑而产生的任务集合，或者是为了对某个视频文件进行编辑处理而创建的框架。在制作影片时，由于所有操作都是围绕项目进行的，所以对 Premiere 项目的各项管理、配置工作就显得尤为重要。本节将详细介绍设置项目的相关知识及操作方法。

2.2.1　创建项目文件

在 Premiere 2022 中，所有的影视编辑任务都以项目的形式呈现，因此创建项目文件是进行视频制作的首要工作。下面将详细介绍创建与配置项目的操作方法。

第 1 步　启动 Premiere 2022 程序，**1.** 单击【文件】菜单，**2.** 在弹出的菜单中选择【新建】菜单项，**3.** 在弹出的子菜单中选择【项目】菜单项，如图 2-24 所示。

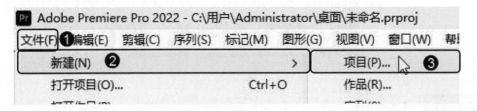

图 2-24

第 2 步 打开【新建项目】对话框，切换到【常规】选项卡，在其中可设置项目文件的名称和保存位置，还可以对视频渲染和回放、视频和音频显示格式等选项进行调整，设置完参数后单击【确定】按钮即可完成创建与配置项目的操作，如图 2-25 所示。

图 2-25

【常规】选项卡中部分选项的作用如下。

➢ 视频和音频【显示格式】下拉按钮：在【视频】和【音频】选项组中，【显示格式】选项的作用都是设置素材文件在项目内的标尺单位。

➢ 【捕捉格式】下拉按钮：当需要从摄像机等设备获取素材时，该选项的作用是要求 Premiere 2022 以规定的采集方式来获取素材内容。

智慧锦囊

在【暂存盘】选项卡中，由于各个临时文件夹的位置被记录在项目中，所以严禁在项目设置完成后更改所设临时文件夹的名称和保存位置，否则将造成项目所用文件的链接丢失，导致无法进行正常的项目编辑工作。

2.2.2　创建并设置序列

Premiere 2022 内所有组接在一起的素材，以及这些素材所应用的各种滤镜和自定义设置，都必须放置在一个被称为"序列"的 Premiere 项目元素内。序列对项目极其重要，因为只有当项目拥有序列时，用户才可进行影片编辑操作。下面详细介绍创建与配置序列的操作方法。

第 1 步　启动 Premiere 2022 程序，*1.* 单击【文件】菜单，*2.* 在弹出的菜单中选择【新建】菜单项，*3.* 在弹出的子菜单中选择【序列】菜单项，如图 2-26 所示。

第 2 步　打开【新建序列】对话框，在【序列预设】选项卡中列出了众多预设方案，选择某种方案后，在右侧文本框中可查看该方案的信息与部分参数，单击【确定】按钮即可完成创建与配置序列的操作，如图 2-27 所示。

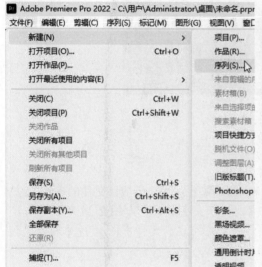

图 2-26

图 2-27

【设置】选项卡中的部分选项如图 2-28 所示，其作用如下。

- ➤ 【编辑模式】下拉按钮：设置新序列将要以哪种序列预置方案为基础，来设置新的序列配置方案。
- ➤ 【时基】下拉按钮：设置序列所应用的帧速率标准，在设置时应根据目标播放设备的参数进行调整。
- ➤ 【帧大小】文本框：用于设置视频画面的分辨率。
- ➤ 【像素长宽比】下拉按钮：根据编辑模式的不同，有多种选项供用户选择。
- ➤ 【场】下拉按钮：用于设置扫描方式(隔行扫描还是逐行扫描)。
- ➤ 视频【显示格式】下拉按钮：用于设置序列中的视频显示标尺单位。
- ➤ 【采样率】下拉按钮：用于统一控制序列内的音频文件采样率。
- ➤ 音频【显示格式】下拉按钮：用于设置序列中的音频显示标尺单位。
- ➤ 【预览文件格式】下拉按钮：用于控制 Premiere 2022 将以哪种文件格式来生成相应序列的预览文件。当采用 Microsoft AVI 作为预览文件格式时，还可以在【编解

码器】下拉列表中选择生成预览文件时采用的编码方式。勾选【最大位深度】和
【最高渲染质量】复选框后，还可提高预览文件的质量。

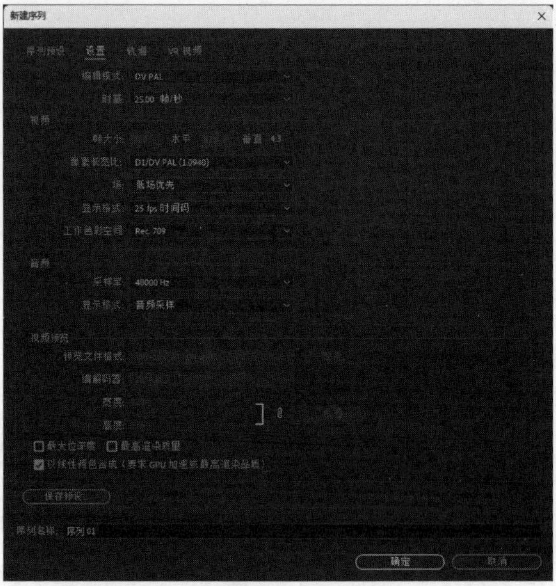

图 2-28

2.2.3 打开项目文件

打开项目文件的方法非常简单，下面将介绍使用菜单命令打开项目文件的操作方法。

第1步 启动 Premiere 2022 程序，单击【打开项目】按钮，如图 2-29 所示。

第2步 打开【打开项目】对话框，**1.** 打开文件所在的文件夹，**2.** 选中项目文件，**3.** 单击【打开】按钮，如图 2-30 所示。

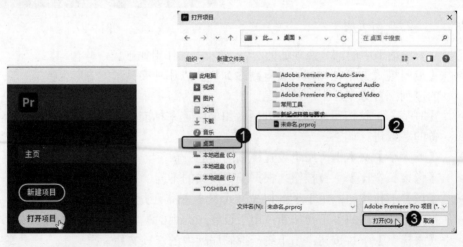

图 2-29   图 2-30

第3步 项目文件被打开，通过以上步骤即可完成打开项目文件的操作，如图 2-31 所示。

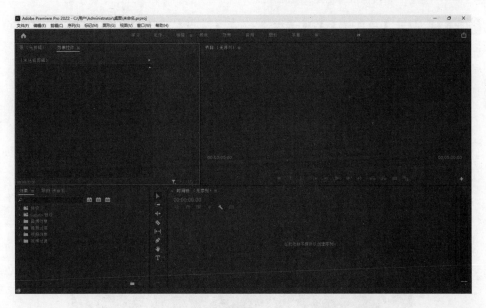

图 2-31

2.2.4　课堂范例——调整项目参数

在影片制作到一半时，如果想要重新设置已经设置好的项目参数，如【常规】选项、文件的暂存盘以及收录设置等，用户可以执行【文件】→【项目设置】命令来实现。

◀◀ 扫码看视频(本节视频课程时间：21 秒)

第1步　打开项目文件，**1.** 单击【文件】菜单，**2.** 在弹出的菜单中选择【项目设置】菜单项，**3.** 在弹出的子菜单中选择【常规】菜单项，如图 2-32 所示。

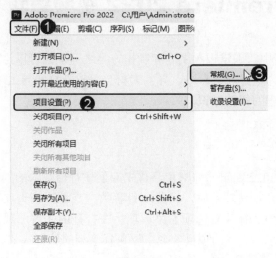

图 2-32

第2步 打开【项目设置】对话框，**1.** 在【常规】选项卡中单击【HDR 图形白色】选项右侧的下拉按钮，选择 100(63%HLG，51%PQ)选项，**2.** 单击【确定】按钮即可完成调整项目选项参数的操作，如图 2-33 所示。

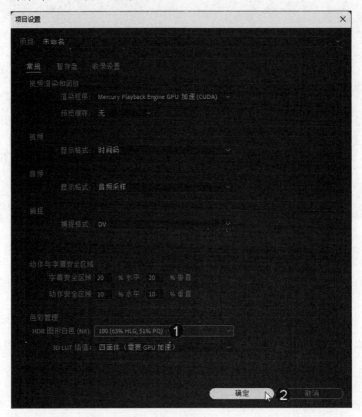

图 2-33

2.3 Premiere 2022 视频编辑基本流程

在 Premiere 2022 中，确定视频主题和制作方案之后，就可以进行视频剪辑了，视频剪辑的基本流程大致分为设置项目参数、导入素材、编辑素材和导出项目 4 个步骤。本节将详细介绍视频剪辑流程的相关知识。

2.3.1 建立项目

要使用 Premiere 2022 编辑一部影片，首先应创建符合要求的项目文件，设置项目参数包括以下几点：一是在新建项目时，设置项目参数；二是在编辑项目时，单击【编辑】主菜单，在打开的菜单中选择【首选项】菜单项，在打开的【首选项】对话框中设置软件的工作参数。新建项目时，设置的项目参数主要包括序列的编辑模式、帧大小和轨道参数。

2.3.2　导入素材

新建项目之后，接下来需要做的是将待编辑的素材导入 Premiere 2022 的项目面板中，为编辑影片做准备。一般的导入素材的方法是单击【文件】主菜单，在弹出的菜单中选择【导入】菜单项，打开【导入】对话框，在其中选择准备导入的素材，单击【打开】按钮即可。在实际操作中，直接在项目面板的空白处双击，也可以打开【导入】对话框并导入素材。

2.3.3　编辑素材

导入素材之后，接下来应在【时间轴】面板中对素材进行编辑等操作。编辑素材是使用 Premiere 2022 编辑影片的主要内容，包括设置素材的帧频、画面比例、素材的三点和四点插入法等。

2.3.4　输出影片

编辑完项目之后，就需要将编辑的项目导出，以便导入其他编辑软件继续编辑。导出项目包括两种情况：导出媒体和导出项目。其中，导出媒体是将已编辑完成的项目文件导出为视频文件，一般应该导出为有声视频文件，根据实际需要为影片设置合理的压缩格式。导出编辑项目包括导出到 Adobe Clip Tape、回录至录影带、导出到 EDL 和导出到 OMP 等。

2.4　实践案例与上机指导

通过对本章内容的学习，读者基本可以掌握 Premiere 2022 基本操作的知识以及一些常见的操作方法，下面通过实际操作，以达到巩固学习、拓展提高的目的。

2.4.1　重置当前工作界面

当调整后的界面布局不再适合编辑需要时，用户可以将当前布局模式重置为默认的布局模式。本节将详细介绍重置当前工作界面的操作方法。

◀◀ 扫码看视频(本节视频课程时间：15 秒)

第 1 步　启动 Premiere 2022 程序，*1.* 单击【窗口】菜单，*2.* 在弹出的菜单中选择【工作区】菜单项，*3.* 在弹出的子菜单中选择【重置为保存的布局】菜单项，如图 2-34 所示。

第 2 步　通过以上步骤即可完成重置当前工作界面的操作，如图 2-35 所示。

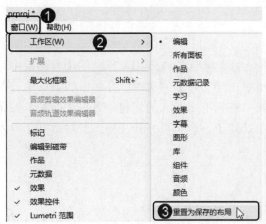

图 2-34   图 2-35

2.4.2 设置 Premiere 2022 界面亮度

用户可以根据自己的喜好设置 Premiere 2022 界面的亮度。设置 Premiere 2022 界面亮度的方法非常简单，在首选项的【外观】选项卡中即可进行设置。

◀◀ 扫码看视频(本节视频课程时间：18 秒)

第1步 启动 Premiere 2022 程序，*1.* 单击【编辑】菜单，*2.* 在弹出的菜单中选择【首选项】菜单项，*3.* 在弹出的子菜单中选择【外观】菜单项，如图 2-36 所示。

第2步 打开【首选项】对话框，在【外观】选项卡中将【亮度】选项滑块移至最右侧，通过以上步骤即可完成设置 Premiere 2022 界面亮度的操作，如图 2-37 所示。

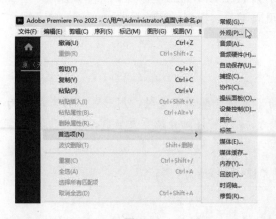

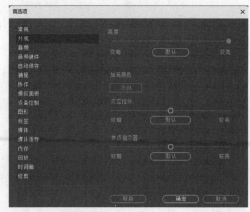

图 2-36   图 2-37

2.4.3　使用【音频】模式工作界面

　　　　Premiere 2022 提供了多种工作界面布局，用户可以根据需要进行
选择。本节将介绍使用【音频】模式工作界面布局的方法。

◀◀ 扫码看视频(本节视频课程时间：15 秒)

　　第1步　启动 Premiere 2022 程序，单击菜单栏下面的【工作区布局】工具条中的【音
频】选项，如图 2-38 所示。

图 2-38

　　第2步　程序界面发生变化，通过以上步骤即可完成选择使用【音频】界面布局的操
作，如图 2-39 所示。

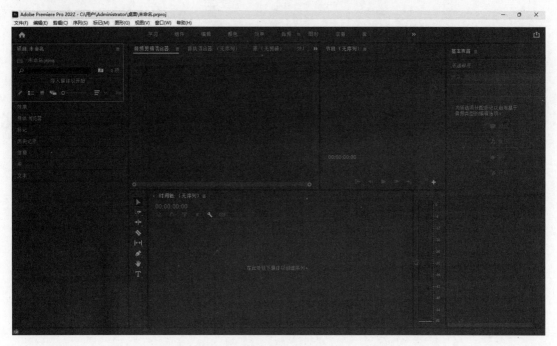

图 2-39

2.5　思考与练习

一、填空题

1. 启动 Premiere 2022，程序默认打开的工作界面是_____模式工作界面。
2. Premiere 2022 提供了_____种工作界面布局法。

二、判断题

1. 【项目】面板用于对素材进行导入、存放和管理。 （　　）
2. 【时间轴】面板是 Premiere 2022 中最主要的编辑面板。 （　　）

三、思考题

1. 如何重置当前工作界面？
2. 如何自定义快捷键？

新起点

电脑教程

第 3 章

管理素材与合成视频

本章要点

- 导入素材
- 管理与编辑素材
- 监视器面板
- 时间轴面板

本章主要内容

本章主要介绍导入素材、管理与编辑素材和监视器面板方面的知识与技巧，以及时间轴面板的相关知识。在本章的最后还针对实际的工作需求，讲解了制作快切效果相册和移动镜面显色效果的方法。通过对本章内容的学习，读者可以掌握管理素材与合成视频方面的知识，为深入学习 Premiere 2022 知识奠定基础。

3.1 导 入 素 材

素材剪辑的基本操作包括导入视频素材、导入静帧序列素材、导入 PSD 格式的素材以及在"项目"面板中查找素材等。本节将详细介绍素材剪辑基本操作的相关知识。

3.1.1 导入视频素材

在制作和编辑影片时,用户可以大量使用视频素材,Premiere 2022 支持的视频文件格式也很广泛。下面将详细介绍导入视频素材的操作方法。

第 1 步 新建项目文件后,**1.** 单击【文件】菜单,**2.** 在弹出的菜单中选择【导入】菜单项,如图 3-1 所示。

第 2 步 打开【导入】对话框,**1.** 打开素材所在文件夹,**2.** 选择准备导入的视频素材,**3.** 单击【打开】按钮,如图 3-2 所示。

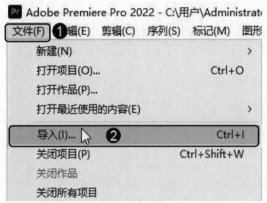

图 3-1

图 3-2

第 3 步 返回 Premiere 2022 主界面,可以看到已经将选择的视频素材文件导入【项目】面板中,这样即可完成导入视频素材的操作,如图 3-3 所示。

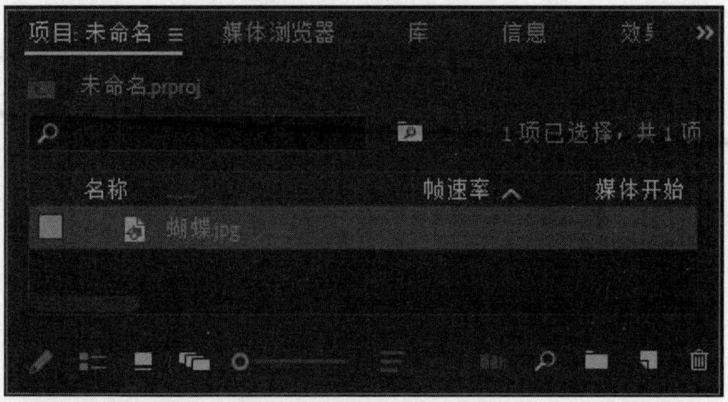

图 3-3

知识精讲

　　除利用菜单命令导入素材外，用户还可以打开素材所在的文件夹，单击并拖动素材到【项目】面板，快速将素材导入软件中；或者双击【项目】面板的空白处，打开【导入】对话框，选择要导入的素材。

3.1.2　导入序列素材

　　Premiere 2022 支持导入多种序列格式的素材，下面将详细介绍导入序列素材的操作方法。

　　第1步　新建项目文件后，1. 单击【文件】菜单，2. 在弹出的菜单中选择【导入】菜单项，如图 3-4 所示。

　　第2步　打开【导入】对话框，1. 打开素材所在文件夹，2. 选择准备导入的图片序列素材"1 .jpg"，3. 勾选【图像序列】复选框，4. 单击【打开】按钮，如图 3-5 所示。

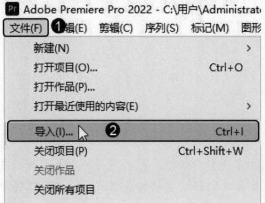
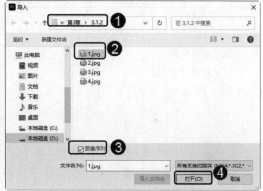

图 3-4　　　　　　　　　　　　　　图 3-5

　　第3步　返回 Premiere 2022 主界面，可以看到已经将序列素材文件导入【项目】面板中，如图 3-6 所示。

图 3-6

3.1.3 导入 PSD 格式的素材

PSD 是 Adobe 公司的图形设计软件 Photoshop 的专用格式，Premiere 2022 支持导入 PSD 格式的素材，从而使用户更加方便地使用该素材文件。本例介绍导入 PSD 素材的方法。

第 1 步 新建项目文件后，*1.* 单击【文件】菜单，*2.* 在弹出的菜单中选择【导入】菜单项，如图 3-7 所示。

第 2 步 打开【导入】对话框，*1.* 打开素材所在文件夹，*2.* 选择准备导入的素材，*3.* 单击【打开】按钮，如图 3-8 所示。

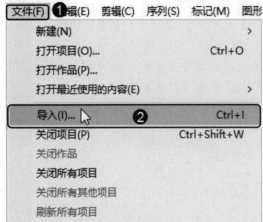

图 3-7

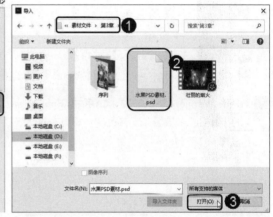

图 3-8

第 3 步 打开【导入分层文件：水果 PSD 素材】对话框，*1.* 在【导入为】右侧的下拉列表框中选择【各个图层】选项，在下方列出了该 PSD 文件的所有图层，*2.* 选择准备导入的 PSD 素材图层，*3.* 单击【确定】按钮，如图 3-9 所示。

第 4 步 返回 Premiere 2022 主界面中，可以看到已经将 PSD 素材文件导入【项目】面板中，并以文件夹的形式显示，如图 3-10 所示。

图 3-9

图 3-10

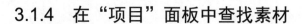

3.1.4　在"项目"面板中查找素材

随着项目进度的逐渐推进，【项目】面板中的素材会越来越多，此时再通过拖曳滚动条的方式来查找素材会变得费时又费力。为此，Premiere 2022 专门提供了查找素材的功能，极大地方便了用户操作。

查找素材时，如果知道的素材名称，可以直接在【项目】面板的搜索框内输入所查素材的部分或全部名称。此时，所有包含用户所输关键字的素材都将显示在【项目】面板中，如图 3-11 所示。如果仅仅通过素材名称无法快速找到匹配素材，还可以通过场景、素材信息或标签内容等信息来查找相应素材。在【项目】面板的空白处右击，在弹出的快捷菜单中选择【查找】命令，如图 3-12 所示。

图 3-11　　　　　　　　　　　　　　　　　　图 3-12

打开【查找】对话框，在对话框中可以设置相关选项或输入需要查找的对象信息，如图 3-13 所示。

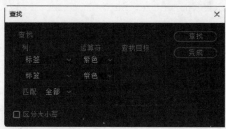

图 3-13

3.1.5　课堂范例——设置素材箱整理素材

在进行大型影视编辑工作时，往往会用到大量的素材文件，因此查找选用时很不方便。通过在【项目】面板中新建素材箱，将素材科学合理地进行分类存放，可以方便编辑工作时查找选用。

◀◀ 扫码看视频(本节视频课程时间：20 秒)

第1步 在【项目】面板中单击【新建素材箱】按钮■，如图 3-14 所示。

第2步 Premiere 2022 将自动创建一个名为"素材箱"的容器，新建的素材箱的名称处于可编辑状态，此时可直接输入文字更改素材箱的名称。完成素材箱重命名操作后，即可将部分素材拖曳到素材箱中，如图 3-15 所示。

图 3-14   图 3-15

3.1.6 课堂范例——设置素材标签颜色

Premiere 2022 为不同类型的素材提供了不同的标签颜色，方便用户区分它们，用户也可以按照自己的喜好来设置不同类型素材的标签颜色。下面详细介绍设置素材标签颜色的方法。

◄◄ 扫码看视频(本节视频课程时间：16 秒)

第1步 在【项目】面板中右击素材前面的标签颜色块，在弹出的快捷菜单中选择【标签】菜单项，在弹出的子菜单中选择【棕黄色】菜单项，如图 3-16 所示。

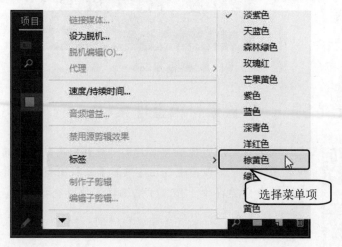

图 3-16

第2步 可以看到素材前面的标签颜色已经改变，通过以上步骤即可完成设置素材标签颜色的操作，如图 3-17 所示。

图 3-17

3.2　管理与编辑素材

在 Premiere 2022 中，可以直接在【节目】面板或【时间轴】面板中编辑各种素材，但是如果要进行精确的编辑操作，就必须先使用【源】面板对素材进行预处理后，再将其添加至【时间轴】面板中。本节将介绍在【源】面板中管理与编辑素材的知识。

3.2.1　标记出入点

素材开始帧的位置是入点，结束帧的位置是出点，【源】面板中入点到出点范围之外的部分相当于切去了，在时间轴中这一部分将不会出现，改变入点和出点的位置就可以改变素材在时间轴上的长度。下面将详细介绍设置素材的入点和出点的操作方法。

第1步 在【源】面板中拖动时间标记找到设置入点的位置，单击【标记入点】按钮，入点位置的左边颜色不变，入点位置的右边颜色变成灰色，如图 3-18 所示。

单击按钮　　图 3-18

第2步 浏览影片找到准备设置出点的位置，单击【标记出点】按钮，出点位置的左边颜色保持灰色，出点位置的右边颜色不变，如图 3-19 所示。

单击按钮 图 3-19

智慧锦囊

除了可以单击【源】面板中的【标记入点】和【标记出点】按钮来添加出入点外，用户还可以右击【源】面板画面，在弹出的快捷菜单中选择【标记入点】和【标记出点】菜单项。

3.2.2 清除出入点

如果不想再使用出入点之间的剪辑片段，用户可以将出入点清除，清除出入点的方法非常简单。下面详细介绍清除出入点的方法。

第1步 右击【源】面板画面，在弹出的快捷菜单中选择【清除入点和出点】菜单项，如图 3-20 所示。

选择菜单项

图 3-20

第2步 通过以上步骤即可完成清除出入点的操作，如图 3-21 所示。

图 3-21

3.2.3 课堂范例——创建子剪辑

　　　　　　一段很长的素材，若想在序列中使用它的不同部分，则需要在创建序列之前把素材剪辑成若干片段，以便在【项目】面板中更好地组织它们，这正是创建子剪辑的原因。本范例将介绍创建子剪辑的方法。

◀◀ 扫码看视频(本节视频课程时间：52 秒)

素材保存路径：配套素材\第 3 章

素材文件名称：柯基.mp4

第1步 启动 Premiere 2022 程序，创建项目文件，双击【项目】面板空白处，打开【导入】对话框，**1.**选择准备导入的素材，**2.**单击【打开】按钮，如图 3-22 所示。

图 3-22

第2步 素材被导入【项目】面板中，双击素材，素材显示在【源】面板中，拖动时间标记找到设置入点的位置，单击【标记入点】按钮，如图 3-23 所示。

第3步 继续拖动时间标记找到设置出点的位置，单击【标记出点】按钮，如图 3-24 所示。

图 3-23   图 3-24

第4步 右击画面，在弹出的快捷菜单中选择【制作子剪辑】菜单项，如图 3-25 所示。

第5步 打开【制作子剪辑】对话框，保持默认设置，单击【确定】按钮，如图 3-26 所示。

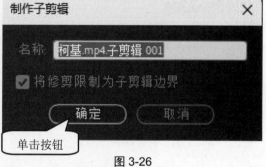

图 3-25   图 3-26

第6步 在【项目】面板中可以看到新添加了一个子剪辑素材，如图 3-27 所示。

图 3-27

3.3　监视器面板

Premiere 2022 中的【源】面板和【节目】面板又被称为监视器面板，监视器面板不仅可以在影片制作过程中预览素材或作品，还可以用于精确编辑和修剪。下面将详细介绍【源】监视器与【节目】监视器面板。

3.3.1　源监视器与节目监视器概览

在【源】监视器与【节目】监视器面板中都可以看到素材画面，都可以对素材进行标记出入点、提取、覆盖等操作。下面详细介绍二者之间的区别。

1. 【源】监视器面板

【源】监视器面板的主要功能是预览和修剪素材，编辑影片时只需双击【项目】面板中的素材，即可通过【源】监视器面板预览其效果，如图 3-28 所示。在【源】监视器面板中，素材画面预览区的下方为时间标尺，底部则为播放控制区。

图 3-28

【源】监视器面板中各个控制按钮的作用如下：

➤ 【查看区域栏】按钮 ⊙：将鼠标指针放在左右两侧的方块上，单击并向左或向右拖动鼠标，可放大或缩小时间标尺。

➤ 【添加标记】按钮 ▼：添加自由标记。

➤ 【标记入点】按钮 ┨：设置素材的进入时间。

➤ 【标记出点】按钮 ┠：设置素材的结束时间。

➤ 【转到入点】按钮 ←：无论当前时间指示器的位置在何处，单击该按钮，指示器都将跳至素材入点。

> ➤ 【后退一帧】按钮◀️：以逐帧的方式倒放素材。
> ➤ 【播放-停止切换】按钮▶️：控制素材画面的播放与暂停。
> ➤ 【前进一帧】按钮▶️：以逐帧的方式播放素材。
> ➤ 【转到出点】按钮➡️：无论当前时间指示器的位置在何处，单击该按钮，指示器都将跳至素材出点。
> ➤ 【插入】按钮🔳：在素材中间单击该按钮，在插入素材的同时，会将该素材一分为二。
> ➤ 【覆盖】按钮🖥️：将材料覆盖在插入点后面。
> ➤ 【导出帧】按钮📷：将当前画面导出为图片。

2.【节目】监视器面板

从外观上来看，【节目】监视器面板与【源】监视器面板基本一致。与【源】监视器面板不同的是，【节目】监视器面板可用于查看素材在添加至序列并进行相应编辑后的播放效果，如图 3-29 所示。

图 3-29

无论是【源】监视器面板还是【节目】监视器面板，在播放控制区中单击【按钮编辑器】按钮➕，都会弹出【按钮编辑器】对话框，如图 3-30 所示，该对话框中的按钮同样是用来编辑视频文件的。只要将某个按钮图标拖入面板下方，然后单击【确定】按钮，即可将该按钮显示在【节目】监视器面板中，方便用户使用。

图 3-30

3.3.2　时间控制与安全区域

与直接在【时间轴】面板中进行的编辑操作相比，在监视器面板中编辑影片剪辑的优点是能够精确地控制时间。例如，除可以通过直接输入当前时间的方式来精确定位外，还可以通过【前进一帧】 和【后退一帧】 等按钮来微调当前的播放时间。

Premiere 2022 中的安全区分为字幕安全区和动作安全区。当制作的节目是用于广播电视时，由于多数电视机会切掉图像外边缘的部分内容，所以用户要参考安全区域来保证图像元素在屏幕范围之内。右击监视器面板，在弹出的快捷菜单中选择【安全边距】命令，如图 3-31 所示，即可在画面显示安全框。其中，里面的方框是字幕安全区，外面的方框是动作安全区，如图 3-32 所示。

图 3-31

图 3-32

3.3.3　课堂范例——添加标记点

为素材添加标记点是管理素材、剪辑素材的重要方法，在准备添加特效或是转场的时间点打上标记，然后统一制作特效，能够节省许多制作时间。本节将介绍为素材添加标记点的方法。

◀◀ 扫码看视频(本节视频课程时间：30 秒)

素材保存路径：配套素材\第 3 章
素材文件名称：柯基.mp4

第 1 步　启动 Premiere 2022 程序，创建项目文件，双击【项目】面板空白处，打开【导入】对话框，**1.** 选择准备导入的素材，**2.** 单击【打开】按钮，如图 3-33 所示。

第 2 步　将导入【项目】面板中的素材拖入【时间轴】面板中，如图 3-34 所示。

图 3-33

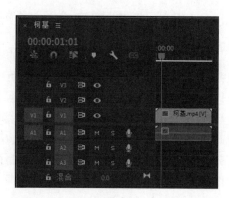

图 3-34

第3步 在【节目】监视器面板中拖动时间标记找到准备添加标记的位置，单击【添加标记】按钮，即可为素材添加一个标记点，如图 3-35 所示。

第4步 继续拖动时间标记添加标记点，通过以上步骤即可完成为素材添加标记点的操作，如图 3-36 所示。

单击按钮

图 3-35

图 3-36

3.4 【时间轴】面板

编辑视频素材的前提是将视频素材放置在【时间轴】面板中。在该面板中，用户不仅可以将不同的视频素材按照一定的顺序排列，还可以对其进行编辑。本节将详细介绍【时间轴】面板的相关知识及操作方法。

3.4.1 认识【时间轴】面板

在 Premiere 2022 中，【时间轴】面板经过重新设计后现已可以进行自定义，通过设置可以选择要显示的内容并立即访问控件。在【时间轴】面板中，时间轴标尺上的各种控制选项决定了查看影片素材的方式，以及影片渲染和导出的区域，如图 3-37 所示。

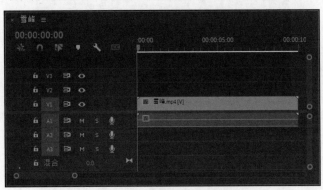

图 3-37

1. 时间标尺

时间标尺是一种可视化的时间间隔显示工具。默认情况下，Premiere 2022 按照每秒所播放画面的数量来划分时间轴，对应于项目的帧速率，如图 3-38 所示。不过，如果当前正在编辑的是音频素材，则应在【时间轴】面板的关联菜单内选择【显示音频时间单位】命令，将标尺更改为按照毫秒或音频采样等音频单位进行显示。

2. 播放指示器位置

播放指示器与当前时间指示器相互关联，当移动时间标尺上的当前时间指示器时，播放指示器位置中的内容也会随之发生变化。当在播放指示器位置上左右拖动鼠标时，也可控制当前时间指示器在时间标尺上的位置，从而达到快速浏览和查看素材的目的，如图 3-39 所示。

图 3-38

图 3-39

3. 当前时间指示器

当前时间指示器是一个三角形图标▇，其作用是标识当前所查看的视频帧，以及该帧在当前序列中的位置。在时间标尺中，用户可以采用直接拖动当前时间指示器的方法来查看视频内容，也可以在单击时间标尺后，将当前时间指示器移至鼠标单击处的某个视频帧，如图 3-40 所示。

4. 查看区域栏

查看区域栏的作用是确定出现在时间轴上的视频帧数量。当单击查看区域栏左侧的滑块并向左拖动，从而使其长度减少时，【时间轴】面板在当前可见区域内能够显示的视频帧将逐渐减少，而时间标尺上各时间标记间的距离将会随之延长；反之，时间标尺内将显示更多的视频帧，并减少时间轴上的时间间隔，如图 3-41 所示。

图 3-40

图 3-41

5. 时间轴显示设置

为了方便用户查看轨道上的各种素材，Premiere 2022 分别为视频素材和音频素材提供了多种显示方式。单击【时间轴】面板中的【时间轴显示设置】按钮，可以在弹出的菜单中选择样式的显示效果，如图 3-42 所示。

图 3-42

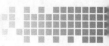

3.4.2　视频轨道控制区

轨道是【时间轴】面板最为重要的组成部分，原因在于这些轨道能够以可视化的方式显示音视频素材及所添加的效果。图 3-43 所示为视频轨道控制区。下面将详细介绍【时间轴】面板中视频轨道控制区的相关知识。

图 3-43

1．切换轨道输出

在视频轨道中，【切换轨道输出】按钮 用于控制是否输出该视频素材。这样一来，便可以在播放或导出项目时，控制在【节目】监视器面板中是否能查看相应轨道中的影片。

在音频轨道中，【切换轨道输出】按钮 变为【静音轨道】按钮 ，其功能是在播放或导出项目时，决定是否输出相应轨道中的音频素材。单击该按钮，即可使视频中的音频静音，同时按钮将改变颜色。

2．切换同步锁定

通过对轨道启用【切换同步锁定】功能 ，可确定执行插入、波纹删除或波纹修剪操作时哪些轨道将会受到影响。

3．切换轨道锁定

【切换轨道锁定】按钮 的功能是锁定轨道上的素材及其他各项设置，以免因误操作而破坏已编辑好的素材。当单击该按钮时，出现锁图标 ，表示轨道内容已被锁定，此时无法对相应轨道进行任何修改。再次单击【切换轨道锁定】按钮 ，即可去除锁图标，并解除对相应轨道的锁定保护。

3.4.3　音频轨道控制区

图 3-44 所示为音频轨道控制区，音频轨道控制区在视频轨道控制区的下方，部分按钮与视频轨道控制区的按钮相同，同时增加了一些控制音频的功能按钮。

图 3-44

1．静音轨道

单击【静音轨道】按钮 ，相应音频轨道将被静音。该功能适用于需要背景音乐、音效和画外音等多种音频的情况，用户可以将音频放置在不同的音频轨道，在编辑其中一种音频时，可以将其他轨道的音频静音，以免受到干扰，编辑后再次单击【静音轨道】按钮 M 即可恢复。

2. 独奏轨道

单击【独奏轨道】按钮 S，其他音频轨道中的音频将被静音，单击【播放】按钮 ，只播放该轨道中的音频。

3. 画外音录制

单击【画外音录制】按钮 ，【节目】面板将开始录制画外音，用户可以使用麦克风录制讲解音频，录制完成后单击【停止】按钮 即可。

3.4.4 创建新序列和序列预设

在第 2 章讲解了使用菜单命令创建并设置序列的方法，除此之外，用户还可以直接根据视频素材创建序列，这样创建的序列会自动匹配视频素材的分辨率和帧速率。下面介绍根据视频素材创建序列和序列预设的方法。

第 1 步 启动 Premiere 2022 程序，创建项目文件，双击【项目】面板的空白处，打开【导入】对话框，**1.** 选择准备导入的素材，**2.** 单击【打开】按钮，如图 3-45 所示。

第 2 步 素材被导入到【项目】面板中，将其拖到【新建项】按钮 上，如图 3-46 所示。

图 3-45

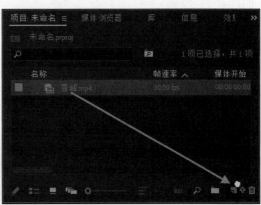

图 3-46

第 3 步 可以看到【时间轴】面板中创建了与视频素材名称相同的序列，单击面板菜单按钮 ，在弹出的菜单中选择【从序列创建预设】菜单项，如图 3-47 所示。

第 4 步 打开【保存序列预设】对话框，保持默认设置，单击【确定】按钮，如图 3-48 所示。

第 5 步 返回主界面，执行【文件】→【新建】→【序列】命令，打开【新建序列】对话框，在【序列预设】选项卡下的【自定义】文件夹中可以看到刚刚创建的序列预设，如图 3-49 所示。

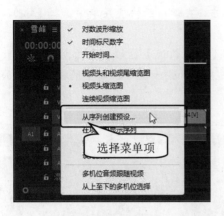

图 3-47

图 3-48

图 3-49

3.4.5　课堂范例——添加/删除轨道

当影片剪辑使用的素材较多时,增加轨道的数量有利于提高影片的编辑效率,当轨道过多时,用户可以将不需要的轨道删除。添加和删除轨道的操作方法非常简单,下面详细介绍添加和删除轨道的方法。

◀◀ 扫码看视频(本节视频课程时间：44 秒)

第1步 在【时间轴】面板中的轨道头上右击，在弹出的快捷菜单中选择【添加轨道】菜单项，如图 3-50 所示。

第2步 打开【添加轨道】对话框，**1.** 在【视频轨道】区域设置添加轨道的数量，**2.** 在【音频轨道】区域设置添加轨道的数量，**3.** 在【音频子混合轨道】区域设置添加轨道的数量，**4.** 单击【确定】按钮，如图 3-51 所示。

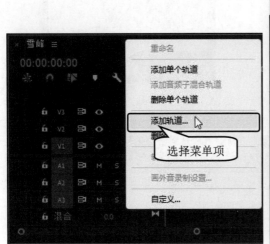

图 3-50

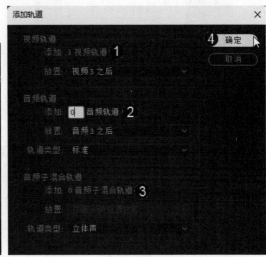

图 3-51

第3步 可以看到时间轴中的视频轨道从 3 条增加到 4 条，在【时间轴】面板中的轨道头上右击，在弹出的快捷菜单中选择【删除轨道】菜单项，如图 3-52 所示。

第4步 打开【删除轨道】对话框，**1.** 在【视频轨道】区域勾选【删除视频轨道】复选框，**2.** 在下方的下拉列表框中选择【视频 4】选项，**3.** 单击【确定】按钮，如图 3-53 所示。

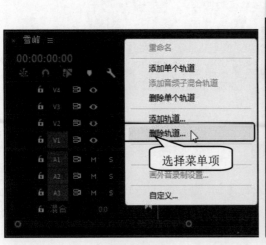

图 3-52

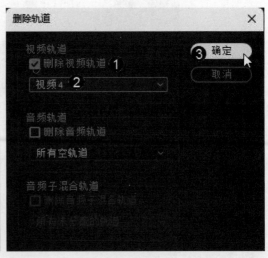

图 3-53

第5步 可以看到时间轴中的视频轨道变回 3 条，如图 3-54 所示。

图 3-54

3.5 实践案例与上机指导

通过对本章内容的学习，读者基本可以掌握管理素材与合成视频的基本知识以及一些常见的操作方法。下面通过实际操作，以达到巩固学习、拓展提高的目的。

3.5.1 制作快切效果相册

本节将制作带有快切效果的电子相册，使用到的知识点具体包括导入素材，创建序列，调整素材缩放，设置素材持续时间，复制素材，使用剃刀工具裁剪素材，添加视频效果，设置效果选项参数等。

◀◀ 扫码看视频(本节视频课程时间：2 分 19 秒)

素材保存路径：配套素材\第 3 章\3.5.1
素材文件名称：1～10.jpg

第 1 步 启动 Premiere 2022 程序，创建项目文件，双击【项目】面板空白处，打开【导入】对话框，*1.* 选择准备导入的素材，*2.* 单击【打开】按钮，如图 3-55 所示。

第 2 步 素材导入【项目】面板后，将其按照 1～10 的顺序拖入【时间轴】面板中，生成序列，如图 3-56 所示。

第 3 步 在【时间轴】面板中选中素材 "6"，在【效果控件】面板中，设置【运动】选项下的【缩放】选项参数，使其与其他素材一样铺满整个屏幕，如图 3-57 所示。

第 4 步 在【时间轴】面板中选择所有素材文件并右击，在弹出的快捷菜单中选择【速度/持续时间】菜单项，如图 3-58 所示。

第 5 步 打开【剪辑速度/持续时间】对话框，*1.* 设置持续时间为 5 帧，*2.* 勾选【波纹编辑，移动尾部剪辑】复选框，*3.* 单击【确定】按钮，如图 3-59 所示。

第 6 步 选中 V1 轨道中的所有素材，按住 Alt 键单击并拖动素材至 V2 轨道，复制出一份素材，如图 3-60 所示。

第 7 步 选中 V1 轨道上的所有素材，将时间指示器向后移至 4 帧的位置，如图 3-61 所示。

第 8 步 将时间指示器移至 5 帧处，使用剃刀工具 ◈ 裁剪 V1 轨道中第 5 帧之前的素材，如图 3-62 所示。

图 3-55

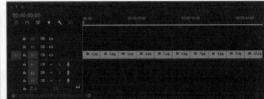

图 3-56

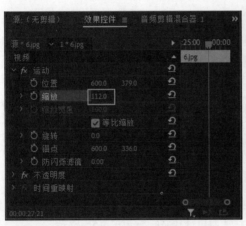

图 3-57

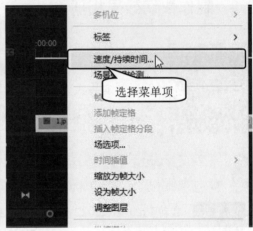

图 3-58

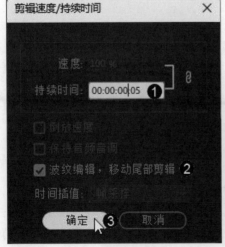

图 3-59

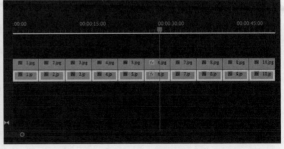

图 3-60

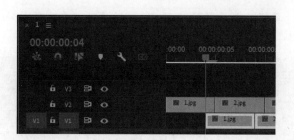

图 3-61

第9步　选中 V1 和 V2 轨道中第 4 帧之前的素材并右击，在弹出的快捷菜单中选择
【波纹删除】菜单项，如图 3-63 所示。

图 3-62

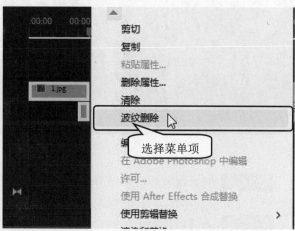

图 3-63

第10步　将时间指示器移至 V2 轨道素材结尾，再次使用剃刀工具 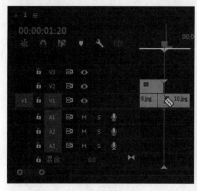 裁剪 V1 轨道中
的素材，将裁剪的多余素材删除，如图 3-64 所示。

第11步　在【效果】面板中单击展开【视频效果】文件夹，单击展开【扭曲】文件夹，
单击并拖动【变换】效果至 V2 轨道中的素材"1"上，如图 3-65 所示。

图 3-64

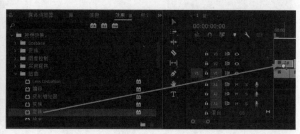

图 3-65

第12步　在【效果控件】面板中单击【位置】选项左侧的【切换动画】按钮，设置【位
置】选项参数，创建第 1 个关键帧，如图 3-66 所示。

第13步 移动时间指示器至 4 帧的位置,单击【位置】选项中的【重置参数】按钮 ,
创建第 2 个关键帧,如图 3-67 所示。

 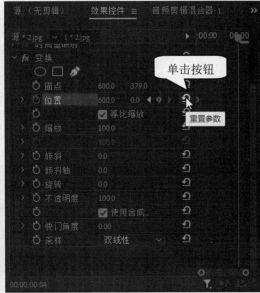

图 3-66   图 3-67

第14步 将时间指示器移至开头处,取消勾选【使用合成的快门角度】复选框,设置
【快门角度】选项参数,如图 3-68 所示。

第15步 在【时间轴】面板中选中 V2 轨道上的素材 "1",按 Ctrl+C 组合键,选中
V2 轨道上的素材 "2~10",按 Alt+Ctrl+V 组合键,打开【粘贴属性】对话框,1. 勾选【效果】
和【变换】复选框,2. 单击【确定】按钮,通过以上步骤即可完成制作快切效果电子
相册的操作,如图 3-69 所示。

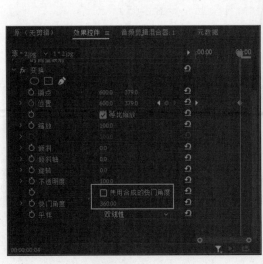

图 3-68   图 3-69

3.5.2　制作移动镜面显色效果

　　本节将制作移动镜面显色效果,使用到的知识点具体包括创建项目文件,导入素材,生成序列,取消音视频链接,裁剪素材,删除素材,复制素材,添加视频效果以及绘制矩形等。

◀◀ 扫码看视频(本节视频课程时间: 2 分 32 秒)

　素材保存路径: 配套素材\第 3 章\3.5.2
　　素材文件名称: 1.mp4、2.mp4

　　第 1 步　启动 Premiere 2022 程序,创建项目文件,双击【项目】面板空白处,打开【导入】对话框,**1.** 选择准备导入的素材,**2.** 单击【打开】按钮,如图 3-70 所示。

　　第 2 步　素材导入【项目】面板后,将其按照 1、2 的顺序拖入【时间轴】面板中,生成序列,"2"素材带有音频,右击"2"素材,在弹出的快捷菜单中选择【取消链接】菜单项,如图 3-71 所示。

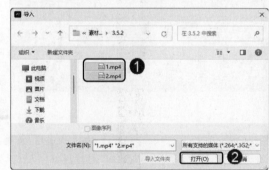
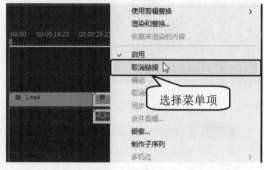

图 3-70　　　　　　　　　　　　　　　　　　图 3-71

　　第 3 步　"2"素材的音视频链接已取消,删除音频。将时间指示器移至 6 秒 15 帧处,使用剃刀工具裁剪"1"素材,将时间指示器移至 21 秒 20 帧处,再次裁剪素材,"1"素材被裁成 3 份,波纹删除第 1 和第 3 份,选中 V1 轨道中的所有素材,复制一份至 V2 轨道上,如图 3-72 所示。

图 3-72

　　第 4 步　在【效果】面板的搜索框中输入"黑白",将搜索到的效果拖到 V1 轨道的

两个素材上，如图 3-73 所示。

第5步 使用矩形工具在【节目】面板中绘制矩形，并调整矩形的旋转角度，如图 3-74
所示。

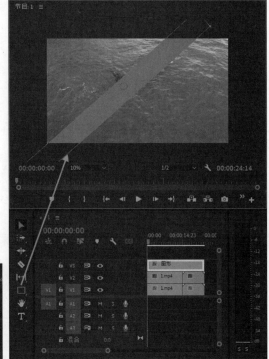

图 3-73　　　　　　　　　　　　　　　图 3-74

第6步 选中 V2 轨道中的两个素材并右击，在弹出的快捷菜单中选择【嵌套】菜单
项，如图 3-75 所示。

第7步 打开【嵌套序列名称】对话框，保持默认设置，单击【确定】按钮，如图 3-76
所示。

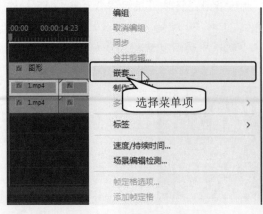
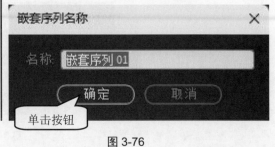

图 3-75　　　　　　　　　　　　　　　图 3-76

第8步 在【效果】面板的搜索框中输入"轨道遮罩键"，将搜索到的效果拖到 V2

轨道中的嵌套序列上，在【效果控件】面板中设置【遮罩】选项为 "视频 3"，如图 3-77 所示。

第 9 步　在【效果】面板的搜索框中输入 "投影"，将搜索到的效果拖到 V2 轨道中的嵌套序列上，如图 3-78 所示。

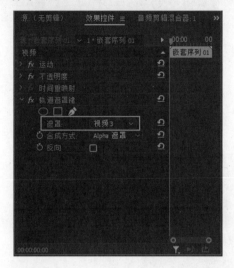

图 3-77

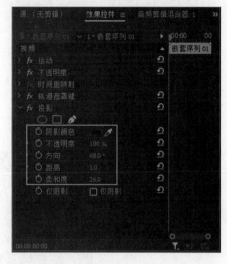

图 3-78

第 10 步　在【效果控件】面板中选中【投影】选项，按 Ctrl+C 组合键，再按 Ctrl+V 组合键两次，复制 "投影" 效果，如图 3-79 所示。

第 11 步　在【时间轴】面板中选中图形，在【效果控件】面板中设置【形状】选项下的【位置】选项参数，单击【切换动画】按钮 ，创建关键帧，如图 3-80 所示。

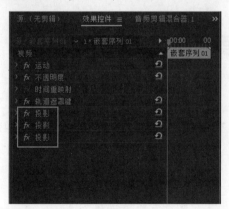

图 3-79

图 3-80

第 12 步　移动时间指示器至 7 秒 19 帧的位置，继续设置【位置】选项参数，创建第 2 个关键帧，如图 3-81 所示。

第 13 步　移动时间指示器至 20 秒 4 帧的位置，继续设置【位置】选项参数，创建第 3 个关键帧，如图 3-82 所示。

第 14 步　在【节目】面板查看动画效果，通过以上步骤即可完成制作移动镜面显色效果动画的操作，如图 3-83 所示。

图 3-81

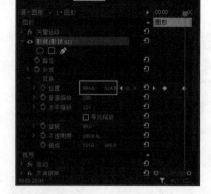

图 3-82

图 3-83

3.6 思考与练习

一、填空题

1. Premiere 2022 为不同类型的素材提供了不同的_____,方便用户区分它们。

2. 【源】监视器面板的主要功能是_____和_____素材。

二、判断题

1. 在视频轨道中,【切换轨道输出】按钮用于控制是否输出视频素材。 ( )

2. 在字幕安全框外面的区域是安全区。 ( )

三、思考题

1. 在 Premiere 2022 中如何创建子剪辑?

2. 在 Premiere 2022 中如何添加轨道?

新起点电脑教程

第4章

编辑与剪辑视频

本章要点

- 视频编辑工具
- 编辑视频素材
- 分离素材
- 创建 Premiere 背景元素

本章主要内容

　　本章主要介绍视频编辑工具、编辑视频素材和分离素材方面的知识与技巧，以及如何创建 Premiere 背景元素。在本章的最后将针对实际的工作需求，讲解创建倒计时片头和制作快门定格效果的方法。通过对本章内容的学习，读者可以掌握编辑与剪辑视频方面的知识，为深入学习 Premiere 2022 知识奠定基础。

4.1 视频编辑工具

在时间轴上剪辑素材会使用到很多工具，其中包括选择工具、向前选择轨道工具、剃刀工具、外滑工具、内滑工具和滚动编辑工具等。本节将详细介绍视频编辑工具的相关知识及操作方法。

4.1.1 选择工具

【选择工具】▶(快捷键是 V 键)是调整轨道中素材片段位置的工具，选择该工具，然后单击并拖动时间轴中的素材即可将其移动到任何用户想放置的位置。

4.1.2 剃刀工具

【剃刀工具】◇的快捷键是 C 键，单击该按钮，然后单击时间轴上的素材片段，素材会被裁切成两段，单击哪里就从哪里裁切，如图 4-1 所示。当裁切点靠近时间标记时，裁切点会被吸附到时间标记所在的位置。

在【时间轴】面板中，当用户拖动时间标记找到想要裁切的地方时，可以在键盘上按 Ctrl+K 组合键，在时间标记所在位置把素材裁切开。

图 4-1

4.1.3 外滑工具

【外滑工具】↔的快捷键是 Y 键，用【外滑工具】在轨道中的某个片段上拖动，可以同时改变该片段的出点和入点。而该片段的长度是否发生变化，取决于出点后和入点前是否有必要的余量可供调节使用，相邻片段的出入点及影片长度不变。

在【时间轴】面板中将视频素材裁成 3 份，单击【外滑工具】按钮↔，将鼠标指针移至第 2 份素材上，左右拖曳鼠标对素材进行修改，如图 4-2 所示。在拖曳的过程中，【节目】

监视器面板中将会依次显示上一个片段的出点和下一个片段的入点，同时显示画面帧数，如图 4-3 所示。

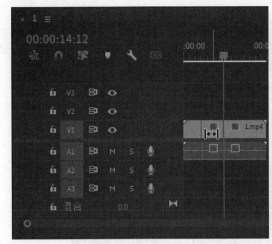

图 4-2 图 4-3

4.1.4　内滑工具

在【时间轴】面板中将视频素材裁成 3 份，单击【内滑工具】按钮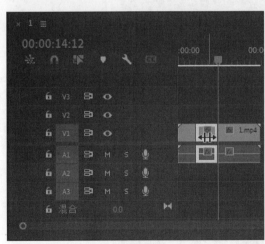，将鼠标指针移至第 2 份素材上，左右拖曳鼠标对素材进行修改，如图 4-4 所示。在拖曳的过程中，【节目】监视器面板中将会依次显示上一个片段的出点和下一个片段的入点，同时显示画面帧数，如图 4-5 所示。

图 4-4 图 4-5

【内滑工具】的快捷键是 U 键，与【外滑工具】的作用正好相反。用【内滑工具】在轨道中的某个片段上拖动，被拖动片段的出入点和长度不变，而前一个相邻片段的出点与后一个相邻片段的入点随之发生变化，但是要保证前一个相邻片段的出点与后一个相邻片段的入点前有必要的余量可供调节使用，影片的长度不变。

4.1.5 滚动编辑工具

【滚动编辑工具】 的快捷键是 N 键，使用该工具可以改变片段的入点或出点，相邻素材的出点或入点也相应改变，但影片的总长度不变。

单击【滚动编辑工具】按钮 ，将鼠标指针放在时间轴轨道中的一个片段上，按下鼠标左键并向左拖动可以使入点提前，从而使该片段增长，同时前一个相邻片段的出点相应提前，长度缩短，前提是被拖动的片段入点前面有余量可供调节，如图 4-6 所示；按下鼠标左键并向右拖动可以使入点拖后，从而使该片段缩短，同时前一个片段的出点相应拖后，长度增加，前提是前一个相邻片段出点后面有余量可供调节。

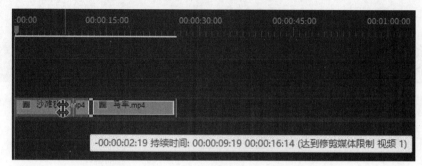

图 4-6

双击红色竖线时，【节目】监视器面板会弹出详细的修整面板，如图 4-7 所示，用户可以在修整面板中进行精确的调整。

图 4-7

4.1.6 帧定格

将视频中的某一帧以静帧的方式显示，称为帧定格，被冻结的静帧可以是片段的入点或出点。下面将详细介绍设置帧定格的操作方法。

第 1 步　在工具箱中单击【剃刀工具】按钮 ，在要冻结的帧上裁切，如图 4-8 所示。

第 2 步　在素材片段上单击鼠标右键，在弹出的快捷菜单中选择【帧定格选项】菜单项，如图 4-9 所示。

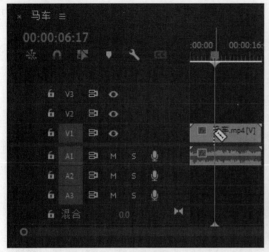
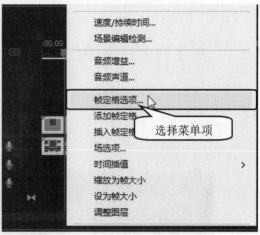

图 4-8　　　　　　　　　　　　　　　　图 4-9

第 3 步　打开【帧定格选项】对话框，**1.** 勾选【定格位置】复选框，**2.** 在右侧的下拉列表框中选择【播放指示器】选项，**3.** 单击【确定】按钮即可完成设置帧定格的操作，如图 4-10 所示。

图 4-10

【帧定格选项】对话框中各选项的含义如下：

➢ 【定格位置】下拉列表框中有 5 个选项可选，即【入点】【出点】【源时间码】【序列时间码】【播放指示器】。选择【入点】选项则视频片段变为入点那一帧的静帧显示；选择【出点】选项则片段变为出点那一帧的静帧显示；选择【播放指示器】选项则片段变为播放指示器所在帧的静帧显示；选择【源时间码】选项则片段变为源时间码的静帧显示；选择【序列时间码】选项则片段变为序列时间码的静帧显示。

➢ 【定格滤镜】复选框：使静帧显示时画面保持使用滤镜后的效果。

4.2 编辑视频素材

在 4.1 节中了解了视频编辑工具，接下来就可以编辑视频素材了。本节将详细介绍编辑视频素材的相关知识。

4.2.1 在序列中快速添加素材

创建序列后，用户就可以在序列中添加素材进行编辑了。本节将介绍在序列中快速添加素材的方法。

第 1 步 创建序列 01 后，将【项目】面板中的素材拖入【时间轴】面板中的 V1 轨道上，如图 4-11 所示。

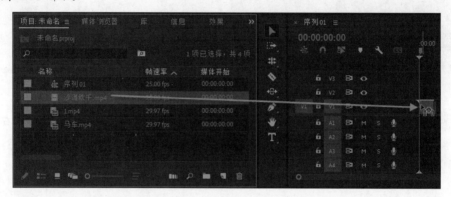

图 4-11

第 2 步 可以看到素材已经放置在 V1 轨道中，通过以上步骤即可完成在序列中快速添加素材的操作，如图 4-12 所示。

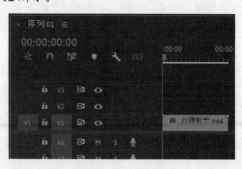

图 4-12

4.2.2 自动匹配序列

在制作静态图片相册时，用户可以使用"自动匹配序列"功能实现多张大小不同的图片同时匹配序列的操作。下面详细介绍自动匹配序列的方法。

第1步　*1.* 在【项目】面板中单击【新建项】按钮，*2.* 在弹出的菜单中选择【序列】菜单项，如图 4-13 所示。

第2步　打开【新建序列】对话框，*1.* 选择序列类型，*2.* 单击【确定】按钮，如图 4-14 所示。

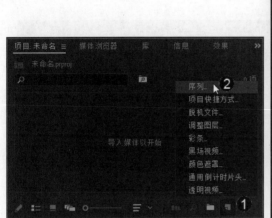

图 4-13　　　　　　　　　　　　　　　　图 4-14

第3步　打开【导入】对话框，*1.* 选中准备导入的素材，*2.* 单击【打开】按钮，如图 4-15 所示。

第4步　素材导入【项目】面板后，按照 1～10 的顺序选中素材，单击【自动匹配序列】按钮，如图 4-16 所示。

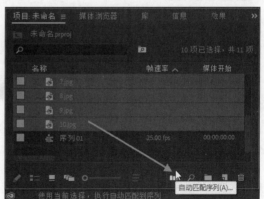

图 4-15　　　　　　　　　　　　　　　　图 4-16

第5步　打开【序列自动化】对话框，保持默认设置，单击【确定】按钮，如图 4-17 所示。

第6步　在【时间轴】面板中已经添加了图片素材，并且每两个素材之间添加了视频过渡效果，如图 4-18 所示。

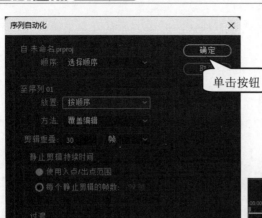

图 4-17

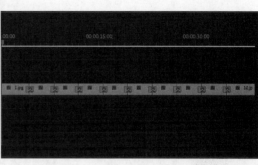

图 4-18

4.2.3　课堂范例——调整素材播放速度

　　播放速度是一个十分重要的属性，对于一些时长较长的视频，用户可以使用 Premiere 的调整速度和持续时间功能，提高播放速度减少持续时间；或者对需要慢镜头播放的视频进行放慢播放速度的处理。

◄◄ 扫码看视频(本节视频课程时间：38 秒)

素材保存路径：配套素材\第 4 章
素材文件名称：马车.mp4

　　第 1 步　新建项目文件后，**1.** 单击【文件】菜单，**2.** 在弹出的菜单中选择【导入】菜单项，如图 4-19 所示。

　　第 2 步　打开【导入】对话框，打开素材所在文件夹，**1.** 选择准备导入的素材文件，**2.** 单击【打开】按钮，如图 4-20 所示。

　　第 3 步　素材导入【项目】面板后，拖动素材至【时间轴】面板中，创建序列，右击素材，在弹出的快捷菜单中选择【速度/持续时间】菜单项，如图 4-21 所示。

　　第 4 步　打开【剪辑速度/持续时间】对话框，**1.** 在【速度】文本框中输入准备调整的播放速度，**2.** 单击【确定】按钮，如图 4-22 所示。

　　第 5 步　返回工作界面，可以看到时间轴上的视频条中出现了显示播放速度的百分比数字，这样即可完成调整播放速度的操作，如图 4-23 所示。

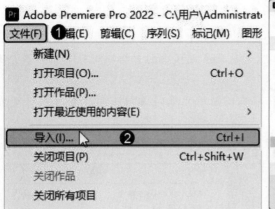

图 4-19 　　　　　　　　　　　　　　　图 4-20

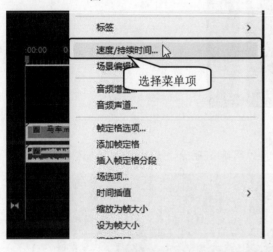

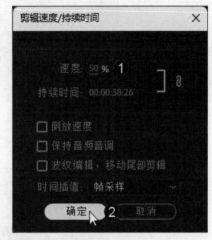

图 4-21 　　　　　　　　　　　　　　　图 4-22

图 4-23

4.2.4　课堂范例——查找与删除时间轴的间隙

当素材与素材之间存在多个间隙时，用户可以同时删除多个间隙，省去重复删除的麻烦。查找与删除时间轴的间隙的方法很简单，本范例详细介绍查找与删除时间轴的间隙的方法。

◄◄ 扫码看视频(本节视频课程时间：19秒)

素材保存路径: 配套素材\第 4 章\4.2.4
素材文件名称: 1~4.jpg

第1步 打开素材项目文件,可以看到【时间轴】面板中的素材之间有间隙,选中任意一个间隙,如图 4-24 所示。

第2步 1. 单击【序列】菜单, 2. 在弹出的菜单中选择【封闭间隙】菜单项,如图 4-25 所示。

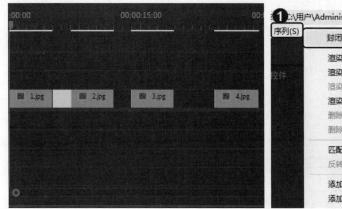
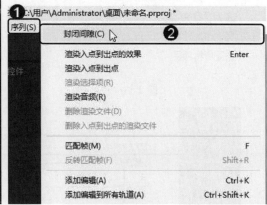

图 4-24   图 4-25

第3步 【时间轴】面板中素材之间的间隙被删除,如图 4-26 所示。

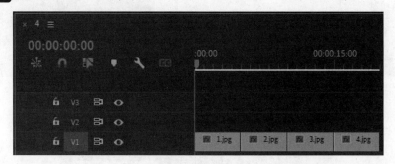

图 4-26

4.3 分 离 素 材

本节将详细介绍分离素材的相关知识点,包括插入和覆盖编辑、提升和提取编辑、分离/链接视音频以及设置场选项的方法。

4.3.1 插入和覆盖编辑

在【源】监视器面板中完成对素材的各种操作后,便可以将调整后的素材添加至时间轴上。从【源】监视器面板向【时间轴】面板中添加视频素材有两种方法:插入和覆盖,下面将分别进行介绍。

1. 插入素材

第1步　将时间指示器移至素材中间任意位置，如图 4-27 所示。

第2步　在【项目】面板中双击"儿童"素材，使其显示在【源】面板中，右击画面屏幕，在弹出的快捷菜单中选择【插入】菜单项，或者单击【源】面板中的【插入】按钮，如图 4-28 所示。

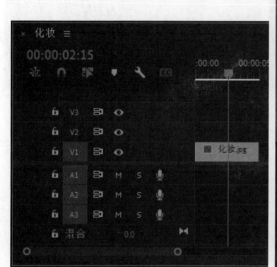

图 4-27

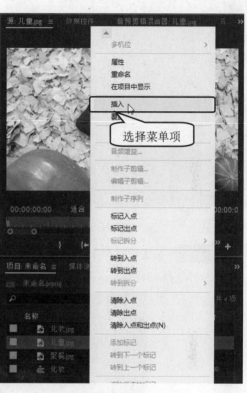

图 4-28

第3步　在【时间轴】面板中，时间指示器所在位置插入了"儿童"素材，原来的"化妆"素材被裁分成两部分，如图 4-29 所示。

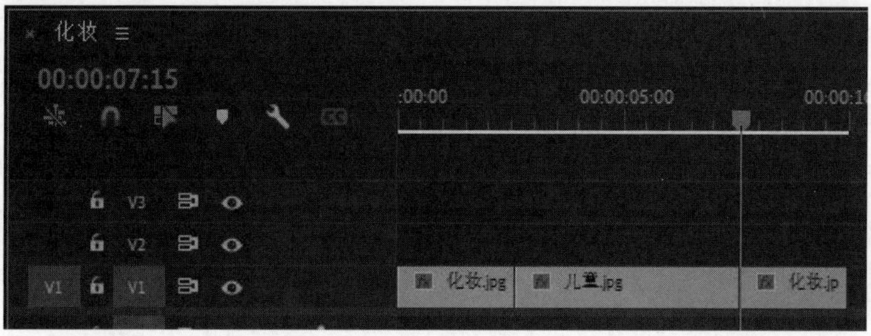

图 4-29

2. 覆盖素材

第 1 步 将时间指示器移至素材中间任意位置,如图 4-30 所示。

第 2 步 在【项目】面板中双击"儿童"素材,使其显示在【源】面板中,右击画面屏幕,在弹出的快捷菜单中选择【覆盖】菜单项,或者单击【源】面板中的【覆盖】按钮 ,如图 4-31 所示。

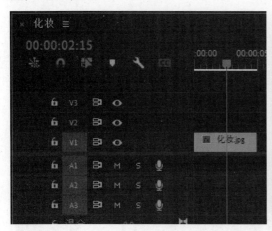

图 4-30   图 4-31

第 3 步 在【时间轴】面板中,新素材将会从当前时间指示器处开始替换相应时间段的原有素材片段,其结果是时间轴上的原有素材内容减少,如图 4-32 所示。

图 4-32

4.3.2 提升和提取编辑

在【节目】监视器面板中,Premiere 2022 提供了两个方便的素材剪除工具,可以快速删除序列内的某个部分,分别是提升和提取。下面将详细介绍提升和提取素材的操作方法。

1. 提升素材

第 1 步 在【节目】监视器面板中,单击【标记入点】按钮 和【标记出点】按钮 ,设置视频素材的出入点,单击【节目】监视器面板中的【提升】按钮 ,如图 4-33 所示。

第 2 步 即可从入点与出点处裁切素材并将出入点之间的素材删除,如图 4-34 所示。

图 4-33

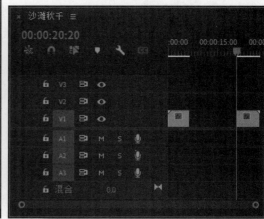

图 4-34

2. 提取素材

第 1 步　在【节目】监视器面板中，单击【标记入点】按钮和【标记出点】按钮，设置视频素材的出入点，单击【节目】监视器面板中的【提取】按钮，如图 4-35 所示。

第 2 步　即可从入点与出点处裁切素材并将出入点之间的素材删除，如图 4-36 所示。

图 4-35

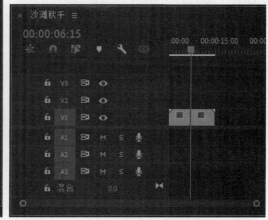

图 4-36

知识精讲

与提升操作不同的是，提取操作会在删除部分序列内容的同时，消除因此而产生的间隙，从而减少序列的持续时间。

4.3.3　分离/链接视音频

除了无声电影或纯音乐外，几乎所有的影片都是图像与声音的组合。换句话说，所有的影片都是由音频和视频两部分组成的，未编辑的原始视频素材中，音频和视频是链接在

一起的，但在制作剪辑的时候，往往需要分别对视频或音频进行编辑操作，因此需要取消音视频的链接。

第1步 在【时间轴】面板中右击素材，在弹出的快捷菜单中选择【取消链接】菜单项，如图 4-37 所示。

第2步 素材的音视频链接已经取消，用户可以单独编辑视频和音频，如图 4-38 所示。

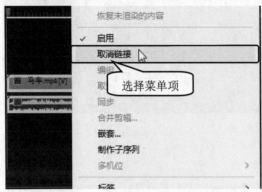

图 4-37   图 4-38

4.3.4 课堂范例——设置场选项

用户可以对【时间轴】面板上的素材进行场选项设置，通过设置场选项可以去除逐行扫描产生的毛边等问题。下面详细介绍设置场选项的操作方法。

◀◀ 扫码看视频(本节视频课程时间：21 秒)

第1步 右击时间轴上的素材，在弹出的快捷菜单中选择【场选项】菜单项，如图 4-39 所示。

第2步 打开【场选项】对话框，**1.** 选中【始终去隔行】单选按钮，**2.** 单击【确定】按钮即可完成设置场选项的操作，如图 4-40 所示。

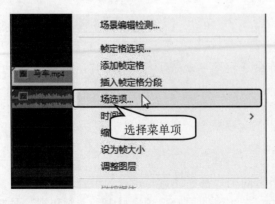

图 4-39   图 4-40

4.4 创建 Premiere 背景元素

Premiere 2022 除了能使用导入的素材外，还可以自建新元素，这对用户编辑视频很有帮助，如可以创建彩条、颜色遮罩、黑场视频、透明视频、调整图层等。本节将详细介绍使用 Premiere 创建新元素的相关知识及操作方法。

4.4.1 创建彩条

一般视频前都会有一段彩条，类似以前电视机没信号的样子。创建彩条的方法非常简单，具体操作方法如下。

第 1 步 新建项目文件，*1.* 在【项目】面板下方单击【新建项】按钮 ，*2.* 在弹出的菜单中选择【彩条】菜单项，如图 4-41 所示。

第 2 步 打开【新建色条和色调】对话框，保持默认设置，单击【确定】按钮，如图 4-42 所示。

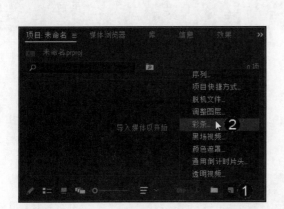

图 4-41

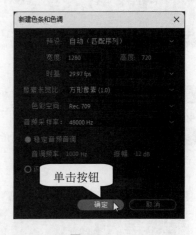

图 4-42

第 3 步 可以看到【项目】面板中已经添加了一个色条和色调素材，通过以上步骤即可完成创建彩条的操作，如图 4-43 所示。

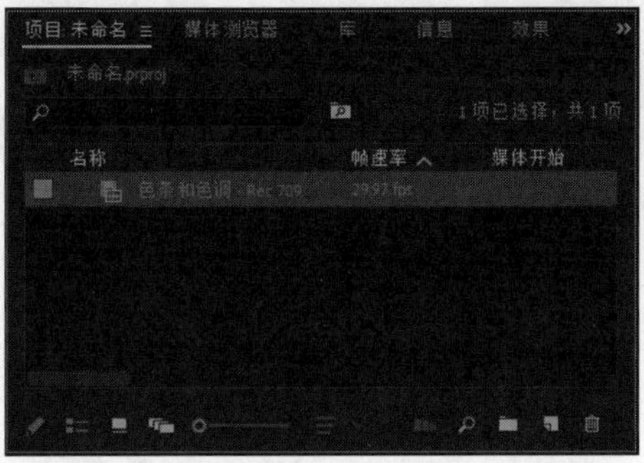

图 4-43

4.4.2 创建颜色遮罩

Premiere 2022 可以为影片创建颜色遮罩，从而使素材更加丰富。下面将详细介绍创建颜色遮罩的操作方法。

第1步 新建项目文件，*1.* 在【项目】面板下方单击【新建项】按钮🖿，*2.* 在弹出的菜单中选择【颜色遮罩】菜单项，如图 4-44 所示。

第2步 打开【新建颜色遮罩】对话框，保持默认设置，单击【确定】按钮，如图 4-45 所示。

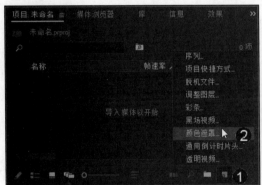
图 4-44

图 4-45

第3步 打开【拾色器】对话框，*1.* 设置 RGB 数值，*2.* 单击【确定】按钮，如图 4-46 所示。

第4步 打开【选择名称】对话框，保持默认设置，单击【确定】按钮，如图 4-47 所示。

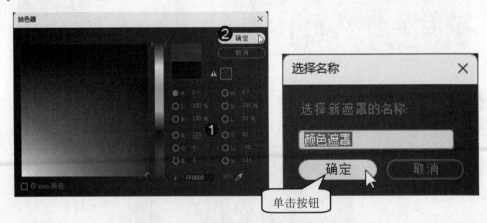

图 4-46   图 4-47

第5步 可以看到【项目】面板中已经添加了一个颜色遮罩素材，通过以上步骤即可完成创建颜色遮罩的操作，如图 4-48 所示。

图 4-48

4.4.3　创建黑场视频

用户除可以创建彩条素材外，还可以创建黑场视频，并且可以对创建出的黑场视频进行透明度调整。创建黑场视频的方法非常简单，具体操作方法如下。

第1步 新建项目文件，**1.** 在【项目】面板下方单击【新建项】按钮，**2.** 在弹出的菜单中选择【黑场视频】菜单项，如图 4-49 所示。

第2步 打开【新建黑场视频】对话框，保持默认设置，单击【确定】按钮，如图 4-50 所示。

图 4-49

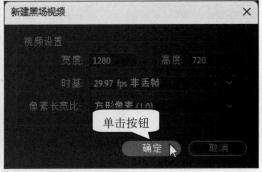

图 4-50

第3步 可以看到【项目】面板中已经添加了一个黑场视频素材，通过以上步骤即可完成创建黑场视频的操作，如图 4-51 所示。

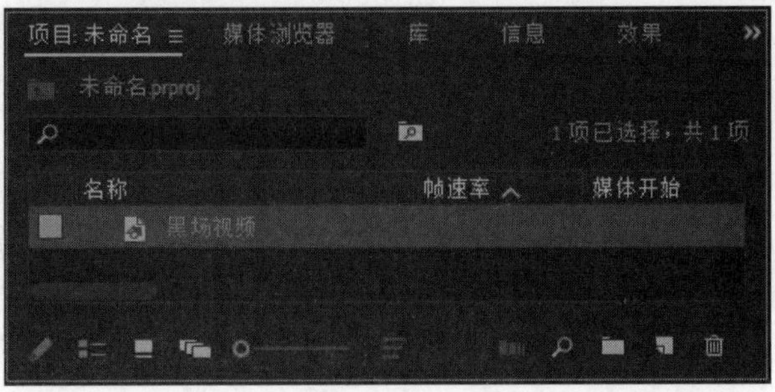

图 4-51

4.4.4 创建透明视频

透明视频相当于一个透明的图层,用户可以在透明视频上添加各种效果,并将其置于视频素材所在轨道的上方轨道中,这样视频素材既应用了效果,又不会被改变。

第1步 新建项目文件,**1.** 在【项目】面板下方单击【新建项】按钮，**2.** 在弹出的菜单中选择【透明视频】菜单项,如图 4-52 所示。

第2步 打开【新建透明视频】对话框,保持默认设置,单击【确定】按钮,如图 4-53 所示。

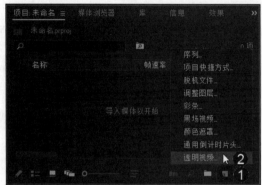
图 4-52

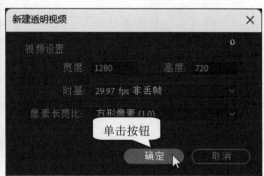
图 4-53

第3步 可以看到【项目】面板中已经添加了一个透明视频素材,通过以上步骤即可完成创建透明视频的操作,如图 4-54 所示。

图 4-54

4.4.5 课堂范例——创建调整图层

调整图层是一个透明的图层,它可以将特效应用到一系列的影片剪辑中而无须重复地复制和粘贴。只要在调整图层轨道上应用一个特效,该特效就会自动出现在下面的所有视频轨道中。下面将详细介绍创建调整图层的操作方法。

◀◀ 扫码看视频(本节视频课程时间: 21 秒)

第1步 新建项目文件,**1.** 在【项目】面板下方单击【新建项】按钮，**2.** 在弹出的菜单中选择【调整图层】菜单项，如图 4-55 所示。

第 2 步　打开【调整图层】对话框，保持默认设置，单击【确定】按钮，如图 4-56 所示。

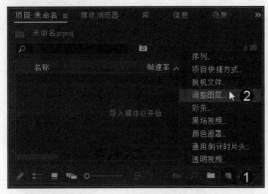

图 4-55

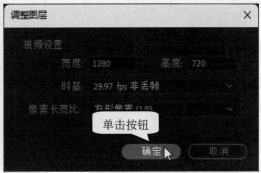

图 4-56

第 3 步　可以看到【项目】面板中已经添加了一个调整图层素材，通过以上步骤即可完成创建调整图层的操作，如图 4-57 所示。

图 4-57

4.5　实践案例与上机指导

通过对本章内容的学习，读者基本可以掌握编辑与剪辑视频的基本知识以及一些常见的操作方法。下面通过实际操作，以达到巩固学习、拓展提高的目的。

4.5.1　创建倒计时片头

倒计时片头是在视频短片中经常会用到的开场内容，常用来提醒观众集中注意力观看短片。Premiere 2022 可以很方便地创建数字倒计时片头动画，下面详细介绍创建倒计时片头的操作方法。

◀◀ 扫码看视频(本节视频课程时间：49 秒)

素材保存路径：配套素材\第 4 章\效果文件

素材文件名称：4.5.1　创建倒计时片头.prproj

第1步 新建项目文件，**1.** 在【项目】面板下方单击【新建项】按钮，**2.** 在弹出的菜单中选择【通用倒计时片头】菜单项，如图 4-58 所示。

第2步 打开【新建通用倒计时片头】对话框，保持默认设置，单击【确定】按钮，如图 4-59 所示。

图 4-58

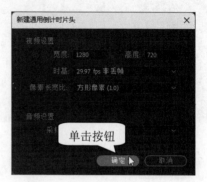
图 4-59

第3步 打开【通用倒计时设置】对话框，单击【擦除颜色】右侧的色块，如图 4-60 所示。

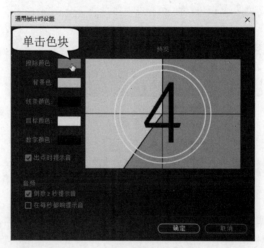
图 4-60

第4步 打开【拾色器】对话框，**1.** 设置 RGB 数值，**2.** 单击【确定】按钮，如图 4-61 所示。

第5步 返回【通用倒计时设置】对话框，**1.** 勾选【在每秒都响提示音】复选框，**2.** 单击【确定】按钮，如图 4-62 所示。

第6步 【项目】面板中已经添加了通用倒计时片头素材，将其拖入【时间轴】面板中，在【节目】面板中可以查看素材效果，如图 4-63 所示。

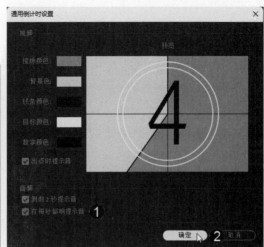

图 4-61 图 4-62

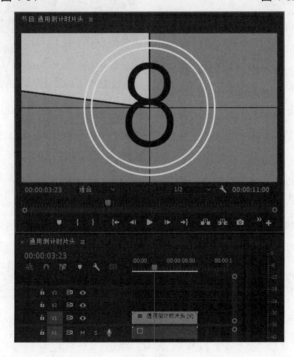

图 4-63

4.5.2 快门定格相框效果

本节将制作快门定格相框效果，需要使用的知识点有创建项目文件，导入素材，创建序列，使用剃刀工具裁剪素材，设置帧定格选项，复制视频，为视频添加【裁剪】效果，设置效果选项参数等。

◀◀ 扫码看视频(本节视频课程时间：1 分 17 秒)

素材保存路径：配套素材\第 4 章\素材文件

素材文件名称：沙滩跑步.mp4

第 1 步 启动 Premiere 2022 程序，创建项目文件，双击【项目】面板空白处，打开【导入】对话框，*1.* 选择准备导入的素材，*2.* 单击【打开】按钮，如图 4-64 所示。

第 2 步 素材导入【项目】面板后，将其拖入【时间轴】面板中创建序列，将时间指示器移至 4 秒 23 帧处，使用剃刀工具裁剪视频，如图 4-65 所示。

图 4-64

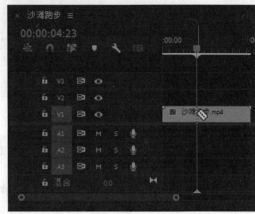

图 4-65

第 3 步 右击第 2 段视频，在弹出的快捷菜单中选择【帧定格选项】菜单项，如图 4-66 所示。

第 4 步 打开【帧定格选项】对话框，*1.* 设置【定格位置】为【入点】选项，*2.* 单击【确定】按钮，如图 4-67 所示。

图 4-66

图 4-67

第 5 步 按住 Alt 键拖动第 2 段视频至 V2 轨道，复制视频，如图 4-68 所示。

第 6 步 在【效果】面板中搜索"裁剪"，将搜索到的效果拖到 V2 轨道中的素材上，如图 4-69 所示。

图 4-68

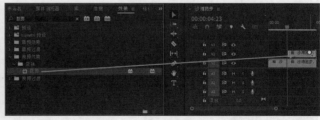

图 4-69

第7步 在【效果控件】面板中设置【裁剪】选项的参数，在【节目】面板中查看效果，如图 4-70 所示。

图 4-70

第8步 在【效果】面板中搜索"径向"，将搜索到的【径向阴影】效果拖到 V2 轨道中的素材上，如图 4-71 所示。

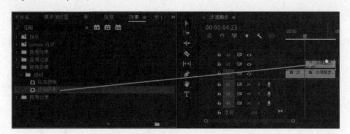

图 4-71

第9步 在【效果控件】面板中设置【径向阴影】选项的参数，在【节目】面板中查看效果，如图 4-72 所示。

图 4-72

第10步 在【效果】面板中搜索"白场"，将搜索到的【白场过渡】效果拖到 V1 轨道中的第 1 段素材末尾处，如图 4-73 所示。

第11步 在【时间轴】面板中双击【白场过渡】效果，打开【设置过渡持续时间】对话框，**1.** 设置持续时间为 6 帧，**2.** 单击【确定】按钮，如图 4-74 所示，通过以上步骤即可完成制作快门定格相框效果的操作。

图 4-73   图 4-74

4.6　思考与练习

一、填空题

1. 将视频中的某一帧以静帧的方式显示，称为_____，被冻结的静帧可以是片段的入点或出点。

2. _____相当于一个透明的图层，用户可以在透明视频上添加各种效果，并将其置于视频素材所在轨道的上方轨道中，这样视频素材既应用了效果，又没有改变视频素材。

二、判断题

1.【选择工具】▶(快捷键是 K 键)是调整轨道中素材片段位置的工具。　　　　　　(　)

2. 与提升操作不同的是，提取操作会在删除部分序列内容的同时，消除因此而产生的间隙，从而减少序列的持续时间。　　　　　　　　　　　　　　　　　(　)

三、思考题

1. 在 Premiere 2022 中如何创建颜色遮罩素材？

2. 在 Premiere 2022 中如何调整素材播放速度？

新起点电脑教程

第 5 章

视频的过渡转场效果

本章要点

- 视频过渡效果概述
- 常用过渡特效

本章主要内容

　　本章主要介绍视频过渡效果概述和常用过渡特效方面的知识与技巧，并在最后针对实际的工作需求，讲解了垂直滚动视频过渡效果和制作航拍电子相册的方法。通过对本章内容的学习，读者可以掌握视频过渡转场效果方面的知识，为深入学习 Premiere 2022 知识奠定基础。

5.1 视频过渡效果概述

在镜头切换中加入过渡效果这种技术被广泛应用于数字电视制作中，是比较常见的技术手段。过渡效果的加入会使节目更富有表现力，影片风格更加突出。本节将详细介绍快速应用视频过渡效果的相关知识及操作方法。

5.1.1 什么是视频过渡

视频过渡是指两个场景(两个素材)之间，采用一定的技巧，如溶解、划像、卷页等，实现场景或情节之间的平滑过渡，从而起到丰富画面、吸引观众的作用。

制作一部电影作品往往要用到成百上千个镜头。这些镜头的画面和视角大都千差万别，直接将这些镜头连接在一起会让整部影片显得断断续续。为此，在编辑影片时便需要在镜头之间添加视频过渡，使镜头之间的过渡更为自然、顺畅，使影片的视觉连续性更强。

5.1.2 在视频中添加过渡效果

Premiere 2022 为用户提供了丰富的视频过渡效果。这些视频过渡效果被分类放置在【效果】面板中的【视频过渡】文件夹的子文件夹中，如图 5-1 所示。

如果想要在两个素材之间添加过渡效果，那么这两个素材必须在同一轨道上，且中间没有间隙。在镜头之间应用视频过渡，只需将过渡效果拖到时间轴上的两个素材之间即可，如图 5-2 所示。

图 5-1   图 5-2

5.1.3 调整过渡效果参数

将视频过渡效果添加到两个素材连接处后，在【时间轴】面板中选择添加的视频过渡效果，打开【效果控件】面板，即可设置该视频过渡效果的参数，如图 5-3 所示。

1. 设置视频过渡效果持续时间

在打开的【效果控件】面板中，用户可以通过设置【持续时间】参数，控制整个视频过渡效果的持续时间。该参数值越大，视频过渡效果持续时间越长，参数值越小，视频过渡效果持续时间越短，如图 5-4 所示。

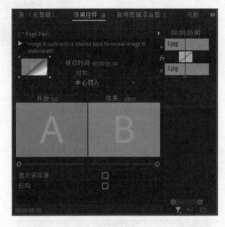

图 5-3　　　　　　　　　　　　　　　　　图 5-4

2. 设置视频过渡效果的开始位置

在【效果控件】面板的左上角，有一个用于控制视频过渡效果开始位置的控件，该控件因视频过渡效果的不同而不同。下面以"棋盘擦除"视频过渡效果为例，介绍视频过渡效果开始位置的设置方法。

第 1 步　选中双侧平推门视频过渡效果，单击【效果控件】面板左上角灰色三角形，选中"自东北向西南"作为视频过渡效果开始位置，如图 5-5 所示。

第 2 步　通过以上步骤即可完成设置视频过渡效果的开始位置的操作，如图 5-6 所示。

 智慧锦囊

从上面的例子可以看出，视频过渡效果的开始位置是可以调整的，并且视频过渡效果只能以一个点为开始位置，无法以多个点为开始位置。

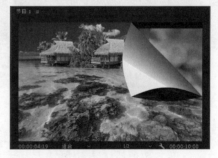

图 5-5　　　　　　　　　　　　　　　　　图 5-6

3. 设置效果对齐参数

在【效果控件】面板中，对齐参数用于控制视频过渡效果的切割对齐方式，这些对齐方式分别为"中心切入""起点切入""终点切入""自定义起点"4 种，如图 5-7 所示。

4. 显示实际素材

在【效果控件】面板中，有两个视频过渡效果预览区域，分别为 A 和 B，用于显示应用于 A 和 B 两素材上的视频过渡效果。【显示实际源】参数用于在视频过渡效果预览区域显示实际的素材效果，默认状态为不启用，勾选该复选框后，在视频过渡效果预览区显示素材的实际效果，如图 5-8 和图 5-9 所示。

图 5-7

图 5-8

图 5-9

5. 控制视频过渡效果的开始和结束

在视频过渡效果预览区上方，有两个控制视频过渡效果开始、结束的控件，即开始、结束选项参数，如图 5-10 所示。

➢ 开始：开始参数用于控制视频过渡效果开始的位置，默认参数为 0，表示视频过渡效果从整个视频过渡过程的开始位置开始视频过渡。

➢ 结束：结束参数用于控制视频过渡效果结束的位置，默认参数为 100，表示视频过渡效果的结束位置，完成所有的视频过渡过程。

6. 设置边框大小及颜色

部分视频过渡效果在视频过渡的过程中会出现一些边框效果，而在【效果控件】面板中就有用于控制这些边框效果宽度、颜色的参数，如图 5-11 所示。

图 5-10

图 5-11

➢ 【边框宽度】选项：用于控制视频过渡效果在视频过渡过程中形成的边框的宽窄。该参数值越大，边框宽度就越大；该参数值越小，边框宽度就越小。默认值为 0。

➢ 【边框颜色】选项：用于控制边框的颜色。单击边框颜色参数后的色块，可在打开的【拾色器】对话框中设置边框的颜色参数。

5.1.4　课堂范例——清除与替换过渡效果

如果用户不满意当前的过渡效果，可以选择其他过渡效果进行替换，或者直接删除当前过渡效果。下面详细介绍清除与替换过渡效果的方法。

◀◀ 扫码看视频(本节视频课程时间：33 秒)

素材保存路径：配套素材\第 5 章\5.1.4
素材文件名称：1 ~ 2.jpg

第 1 步 打开项目素材文件，可以看到时间轴中的两素材之间已经添加了 Band Slide 过渡效果，**1.** 在【效果】面板中单击展开【视频过渡】→Wipe 文件夹，将 Barn Doors 过渡效果拖到【时间轴】面板中原有的视频过渡效果上，如图 5-12 所示。

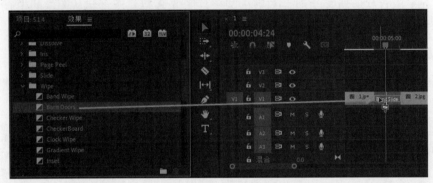

图 5-12

第 2 步 过渡效果被替换，右击过渡效果，在弹出的快捷菜单中选择【清除】菜单项，如图 5-13 所示。

第 3 步 过渡效果已被清除，如图 5-14 所示。

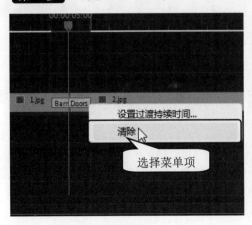

图 5-13　　　　　　　　　　　　　　　　图 5-14

5.2 常用过渡特效

Premiere 2022 作为一款非常优秀的视频编辑软件,内置了许多视频过渡效果,用户可以针对视频素材中的各种情况选择不同的效果,巧妙地运用这些视频过渡效果可以为影片增色。本节将详细介绍常用过渡特效的相关知识。

5.2.1 【Iris(划像)】过渡效果

【Iris(划像)】视频过渡效果组中包含【Iris Box(盒形划像)】【Iris Cross(交叉划像)】【Iris Diamond(菱形划像)】【Iris Round(圆形划像)】4 个视频过渡效果。

1. 【Iris Box(盒形划像)】过渡效果

在【Iris Box(盒形划像)】视频过渡效果中,图像 B 以盒子形状从图像的中心划开,盒子形状逐渐增大,直至充满整个画面并覆盖住整个图像 A,如图 5-15 所示。

2. 【Iris Cross(交叉划像)】过渡效果

在【Iris Cross(交叉划像)】视频过渡效果中,图像 B 以一个十字形出现并逐渐变大,直至将图像 A 完全覆盖,如图 5-16 所示。

图 5-15   图 5-16

3. 【Iris Diamond(菱形划像)】过渡效果

在【Iris Diamond(菱形划像)】视频过渡效果中,图像 B 以菱形形状在图像 A 的任意位置出现并逐渐展开,直至覆盖图像 A,如图 5-17 所示。

4. 【Iris Round(圆形划像)】过渡效果

在【Iris Round(圆形划像)】视频过渡效果中,图像 B 呈圆形在图像 A 上展开并逐渐覆盖整个图像 A,如图 5-18 所示。

图 5-17　　　　　　　　　　　　　　　　　　　　　图 5-18

5.2.2　【Dissolve(溶解)】过渡效果

【Dissolve(溶解)】视频过渡效果组主要是以淡化、渗透等方式产生过渡效果，该类效果包括【Addictive Dissolve(叠加溶解)】【Non-Addictive Dissolve(非叠加溶解)】【Film Dissolve(胶片溶解)】3 个视频过渡效果。

1.　【Addictive Dissolve(叠加溶解)】过渡效果

在【Addictive Dissolve(叠加溶解)】视频过渡效果中，图像 A 和图像 B 以亮度叠加方式相互融合，图像 A 逐渐变亮的同时图像 B 逐渐出现在屏幕上，如图 5-19 所示。

2.　【Non- Addictive Dissolve(非叠加溶解)】过渡效果

在【Non-Addictive Dissolve(非叠加溶解)】视频过渡效果中，图像 A 从黑暗部分开始消失，而图像 B 则从最亮部分到最暗部分依次进入屏幕，直至最终占据整个屏幕，如图 5-20 所示。

图 5-19　　　　　　　　　　　　　　　　　　　　　图 5-20

3.　【Film Dissolve(胶片溶解)】过渡效果

在【Film Dissolve(胶片溶解)】视频过渡效果中，图像 A 逐渐变为胶片反色效果并逐渐消失，同时图像 B 也由胶片反色效果逐渐显现并恢复正常色彩，如图 5-21 所示。

图 5-21

5.2.3 【Page Peel(页面剥落)】过渡效果

【Page Peel(页面剥落)】视频过渡效果组主要是使图像 A 以各种卷叶的动作形式消失，最终显示出图像 B。该组包含【Page Peel(页面剥落)】【Page Turn(翻页)】两个视频过渡效果。

1. 【Page Peel(页面剥落)】过渡效果

【Page Peel(页面剥落)】视频过渡效果类似于【Page Turn(翻页)】的对折效果，但是卷曲时背景是渐变色，如图 5-22 所示。

2. 【Page Turn(翻页)】过渡效果

在【Page Turn(翻页)】视频过渡效果中，图像 A 以滚轴动画的方式向一边滚动卷曲，滚动卷曲完成后最终显现出图像 B，如图 5-23 所示。

图 5-22　　　　　　　　　　　　　　　　图 5-23

5.2.4 【Zoom(缩放)】过渡效果

【Cross Zoom(交叉缩放)】视频过渡效果在【Zoom(缩放)】文件夹中，该文件夹中只有【Cross Zoom(交叉缩放)】一个视频过渡效果。在【Cross Zoom(交叉缩放)】视频过渡效果中，图像 A 被逐渐放大直至撑出画面，图像 B 以图像 A 最大的尺寸比例逐渐缩小进入画面，最终在画面中缩放成原始比例大小。该过渡效果如图 5-24 所示。

图 5-24

5.2.5　【Slide(滑动)】过渡效果

滑动类视频过渡主要是通过画面的平移变化来实现镜头画面的切换，有些过渡效果与 Iris(划像)过渡效果组中的部分效果类似。本节将详细介绍滑动类视频过渡效果的知识。

1.　【Center Split(中心拆分)】过渡效果

【Center Split(中心拆分)】视频过渡效果的画面切换方式与【Iris Cross(交叉划像)】视频过渡效果有相似之处。图像 A 从画面中心分成 4 片并向 4 个方向滑行，逐渐露出图像 B，如图 5-25 所示。

2.　【Band Slide(带状滑动)】过渡效果

在【Band Slide(带状滑动)】视频过渡效果中，图像 B 以分散的带状从画面两边向中心靠拢，合并成完整的图像并遮盖图像 A，如图 5-26 所示。

图 5-25　　　　　　　　　　　　　　　　图 5-26

3.　【Push(推)】过渡效果

在【Push(推)】过渡效果中，图像 A 和图像 B 左右并排在一起，图像 B 把图像 A 向一边推动使图像 A 离开画面，图像 B 逐渐占据图像 A 的位置，如图 5-27 所示。

4.　【Slide(滑动)】过渡效果

图像 B 从画面的左边到右边直接插入画面，将图像 A 覆盖，如图 5-28 所示。

5.　【Split(拆分)】过渡效果

在【Split(拆分)】视频过渡效果中，图像 A 向两侧分裂，显现图像 B，如图 5-29 所示。

图 5-27 　　　　　　　　　　　　　　　　　　　　　图 5-28

图 5-29

5.2.6 　【急摇】过渡效果

　　【急摇】视频过渡效果放置在【内滑】视频过渡文件夹中,是【内滑】视频过渡文件夹中唯一一个视频过渡效果,该过渡效果主要是通过随机闪现两个素材画面来实现过渡的,如图 5-30 所示。

图 5-30

5.2.7 　【溶解】过渡效果

　　溶解类视频过渡主要以淡化、渗透等形式来完成不同镜头间的转换,即前一个镜头画面以柔和的方式转换为后一个镜头画面。

1. 交叉溶解

　　【交叉溶解】过渡是最基础、最简单的叠化过渡。在【交叉溶解】视频过渡中,随着镜头 A 画面的透明度越来越高(淡出,即逐渐消隐),镜头 B 画面的透明度变得越来越低(淡入,即逐渐显现),直至在屏幕上完全取代镜头 A 画面,如图 5-31 所示。

2. 白场过渡

白场过渡是指镜头一画面在逐渐变为白色后,屏幕再从白色逐渐变为镜头二画面,如图 5-32 所示。

图 5-31

图 5-32

3. 黑场过渡

黑场过渡是指镜头一画面在逐渐变为黑色后,屏幕再由黑色转变为镜头二画面,如图 5-33 所示。

图 5-33

5.2.8 课堂范例——【VR 光圈擦除】视频过渡效果

【VR 光圈擦除】视频过渡效果放置在【沉浸式视频】视频过渡文件夹中,该效果是素材 B 逐渐出现在慢慢变大的光圈中,并最终占据整个屏幕。本范例将介绍应用该过渡效果的方法。

◀◀ 扫码看视频(本节视频课程时间:31 秒)

素材保存路径:配套素材\第 5 章\5.2.8
素材文件名称:5.2.8.prproj

第 1 步 打开项目素材文件，可以看到【时间轴】面板中已经添加了两个图片素材，

1. 在【效果】面板中单击展开【视频过渡】→【沉浸式视频】文件夹，将【VR 光圈擦除】过渡效果拖到【时间轴】面板中原有的视频过渡效果上，如图 5-34 所示。

图 5-34

第 2 步 在【效果控件】面板下的【VR 光圈擦除】选项中设置【羽化】参数，如图 5-35 所示。

第 3 步 在【节目】面板中查看视频过渡效果，如图 5-36 所示。

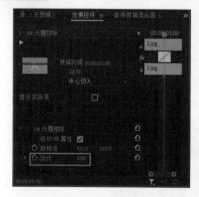

图 5-35

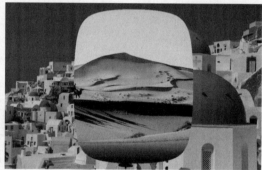

图 5-36

5.3 实践案例与上机指导

通过对本章内容的学习，读者基本可以掌握视频过渡转场效果的基本知识以及一些常见的操作方法。下面通过实际操作，以达到巩固学习、拓展提高的目的。

5.3.1 垂直滚动视频过渡效果

本节将制作画面垂直滚动视频过渡效果，主要运用的知识点有创建调整图层素材，使用【偏移】效果，为【偏移】效果添加关键帧动画，使用【方向模糊】效果，为【方向模糊】效果添加关键帧动画等。

◀◀ 扫码看视频(本节视频课程时间：1 分 40 秒)

素材保存路径：配套素材\第 5 章\5.3.1
素材文件名称：5.3.1.prproj

第 1 步 打开项目素材文件，可以看到【时间轴】面板中已经添加了两个素材，*1.* 在【项目】面板中单击【新建项】按钮，*2.* 在弹出的菜单中选择【调整图层】菜单项，如图 5-37 所示。

第 2 步 打开【调整图层】对话框，保持默认设置，单击【确定】按钮，如图 5-38 所示。

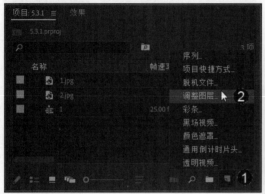

图 5-37

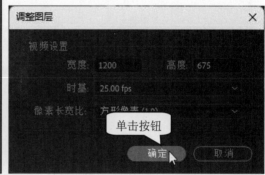

图 5-38

第 3 步 将调整图层拖到【时间轴】面板中的 V2 轨道上，设置持续时间为 1 秒 6 帧，如图 5-39 所示。

第 4 步 在【效果】面板的搜索框中输入"偏移"，将搜索到的【偏移】效果拖到调整图层上，如图 5-40 所示。

图 5-39

图 5-40

第 5 步 在【效果控件】面板中，将时间指示器移至调整图层的开始处，单击【将中心移位至】选项左侧的【切换动画】按钮，创建关键帧，如图 5-41 所示。

第 6 步 将时间指示器移至 5 秒 10 帧处，设置【将中心移位至】选项参数，单击【与原始图像混合】选项左侧的【切换动画】按钮，创建关键帧，如图 5-42 所示。

第 7 步 将时间指示器移至 5 秒 11 帧处，设置【与原始图像混合】选项参数，如图 5-43 所示。

第 8 步 在【效果】面板的搜索框中输入"方向"，将搜索到的【方向模糊】效果拖到调整图层上，如图 5-44 所示。

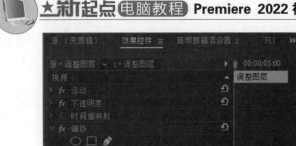

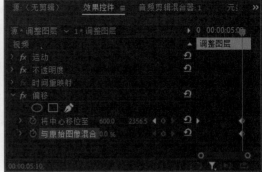

图 5-41   图 5-42

图 5-43

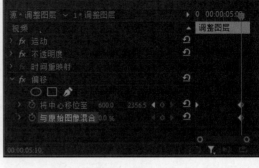

图 5-44

第9步 在【效果控件】面板中，将时间指示器移至 5 秒处，单击【方向模糊】选项下的【模糊长度】选项左侧的【切换动画】按钮，设置选项参数，创建关键帧，如图 5-45 所示。

第10步 将时间指示器移至 4 秒 09 帧处，继续设置【模糊长度】选项参数，创建第 2 个关键帧，如图 5-46 所示。

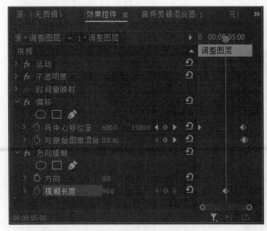

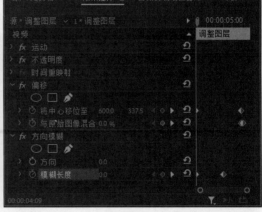

图 5-45   图 5-46

第11步 将时间指示器移至 5 秒 09 帧处，继续设置【模糊长度】选项参数，创建第 3 个关键帧，如图 5-47 所示。通过以上步骤完成垂直滚动视频过渡效果的操作。

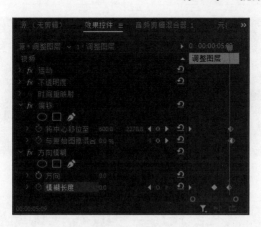

图 5-47

5.3.2　制作航拍电子相册

本案例将使用视频过渡效果制作航拍风景图片电子相册，用到的视频过渡效果有【Flip Over】【Addictive Dissolve】【Iris Cross】【Page Peel】【Center Split】【Clock Wipe】【Cross Zoom】【交叉溶解】【急摇】。

◀◀ 扫码看视频(本节视频课程时间：1 分 27 秒)

素材保存路径：配套素材\第 5 章\5.3.2
素材文件名称：5.3.2.prproj

第 1 步　打开项目素材文件，可以看到【时间轴】面板中已经添加了素材，在【效果】面板中单击展开【视频过渡】→【3D Motion】文件夹，将【Flip Over】效果拖到 1、2 素材之间，如图 5-48 所示。

图 5-48

第 2 步　单击展开【Dissolve】文件夹，将【Addictive Dissolve】效果拖到 2、3 素材之间，如图 5-49 所示。

第 3 步　单击展开【Iris】文件夹，将【Iris Cross】效果拖到 3、4 素材之间，如图 5-50 所示。

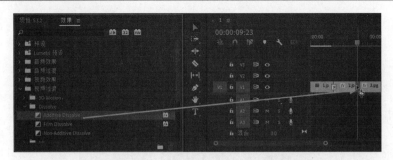

图 5-49

图 5-50

第4步 单击展开【Page Peel】文件夹，将【Page Peel】效果拖到 4、5 素材之间，如图 5-51 所示。

图 5-51

第5步 单击展开【Slide】文件夹，将【Center Split】效果拖到 5、6 素材之间，如图 5-52 所示。

图 5-52

第 6 步　单击展开【Wipe】文件夹，将【Clock Wipe】效果拖到 6、7 素材之间，如图 5-53 所示。

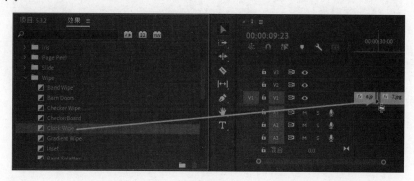

图 5-53

第 7 步　单击展开【Zoom】文件夹，将【Cross Zoom】效果拖到 7、8 素材之间，如图 5-54 所示。

图 5-54

第 8 步　单击展开【内滑】文件夹，将【急摇】效果拖到 8、9 素材之间，如图 5-55 所示。

图 5-55

第 9 步　单击展开【溶解】文件夹，将【交叉溶解】效果拖到 9、10 素材之间，如图 5-56 所示。通过以上步骤即可完成航拍电子相册的制作。

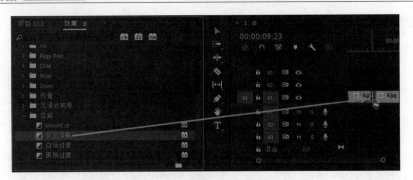

图 5-56

5.4 思考与练习

一、填空题

1. 视频过渡是指_____场景(素材)之间，采用一定的技巧，如溶解、划像、卷页等，实现场景或情节之间的平滑过渡，从而起到丰富画面、吸引观众的作用。

2. 在【效果控件】面板中包括4种对齐方式，分别为_____、"起点切入"、"终点切入"及"自定义起点"。

二、判断题

1. 如果想要在两个素材之间添加过渡效果，那么这两个素材必须在同一轨道上，且中间没有间隙。 ( )

2. 在打开的【效果控件】面板中，用户可以通过设置【持续时间】参数，控制整个视频过渡效果的持续时间。该参数值越大，视频过渡效果持续时间越长；参数值越小，视频过渡效果持续时间越短。 ( )

三、思考题

1. 在 Premiere 2022 中如何应用【Iris Diamond(菱形划像)】视频过渡效果？
2. 在 Premiere 2022 中如何应用【Cross Zoom(交叉缩放)】视频过渡效果？

第6章

字幕与图形设计

电脑教程

本章要点

- 创建字幕
- 设置字幕属性和外观效果
- 使用旧版标题创建字幕
- 绘制与编辑图形

本章主要内容

本章主要介绍创建字幕、设置字幕属性和外观效果及使用旧版标题创建字幕方面的知识与技巧，以及绘制与编辑图形的方法。在本章的最后还针对实际的工作需求，讲解了制作擦除显现文字动画和高亮文字动画的方法。通过对本章内容的学习，读者可以掌握字幕与图形设计基础操作方面的知识，为深入学习 Premiere 2022 知识奠定基础。

6.1 创 建 字 幕

在影视节目中，字幕是必不可少的。字幕可以帮助影片更完整地展现相关信息内容，起到解释画面、补充内容等作用。此外，在各式各样的广告中，精美的字幕不仅可以起到为影片增光添彩的作用，还可以快速、直观地向观众传达信息。在 Premiere 2022 中，用户可以通过创建字幕剪辑来制作需要添加到影片画面中的文字信息。

6.1.1 【基本图形】面板

执行【窗口】菜单，在弹出的菜单中选择【基本图形】菜单项，即可打开【基本图形】面板。【基本图形】面板分为两个选项卡，一个是【浏览】选项卡，一个是【编辑】选项卡，如图 6-1 所示。

图 6-1

【基本图形】面板中的两个选项卡的作用如下：

➢ 【浏览】选项卡：用于浏览内置的字幕面板，其中许多模板还包含动画。

➢ 【编辑】选项卡：对添加到序列中的字幕或在序列中创建的字幕进行修改。

6.1.2 字幕的创建方法

创建字幕的方法有两种，一种是使用文字工具直接创建，另一种是在【基本图形】面板中创建。下面分别进行详细介绍。

1. 使用文字工具创建字幕

使用文字工具创建字幕是最简单的一种创建字幕的方法，无须打开其他辅助面板即可进行操作。下面介绍使用文字工具创建字幕的方法。

第1步　在工具栏中单击【文字工具】按钮 **T**，在【节目】监视器面板的画面中单击鼠标定位光标，此时在【时间轴】面板中的 V2 轨道中会自动添加一个"图形"素材，使用输入法输入文本内容，如图 6-2 所示。

第2步　按空格键完成输入，单击【选择工具】按钮 ▶，移动字幕至画面中合适的位置，如图 6-3 所示。

图 6-2

图 6-3

2. 在【基本图形】面板中创建字幕

打开【基本图形】面板后，用户就可以在其中创建字幕了。下面介绍在【基本图形】面板中创建字幕的方法。

第1步　打开【基本图形】面板，**1.** 切换到【编辑】选项卡，**2.** 单击【新建图层】按钮，**3.** 在弹出的菜单中选择【文本】菜单项，如图 6-4 所示。

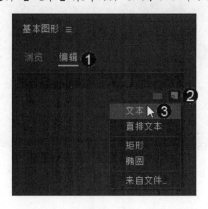

图 6-4

第2步　在【节目】监视器面板的画面中出现"新建文本图层"文本框，此时在【时

间轴】面板中的 V2 轨道中会自动添加一个"新建文本图层"素材,双击文本框选中文本,使用输入法输入文本内容,如图 6-5 所示。

第 3 步 按空格键完成输入,单击【选择工具】按钮 ▶,移动字幕至画面中合适的位置,如图 6-6 所示。

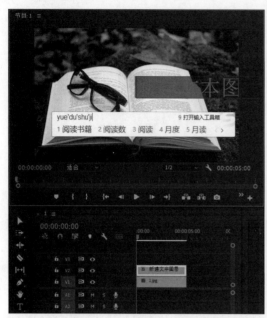

图 6-5   图 6-6

第 4 步 在【基本图形】面板中可以看到刚创建的文本图层,如图 6-7 所示。

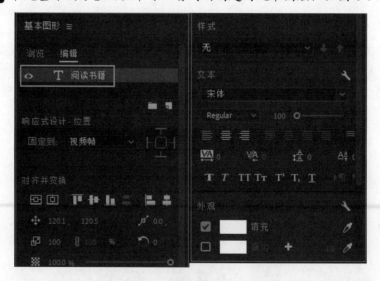

图 6-7

6.1.3 课堂范例——创建并制作"围棋世界"字幕动画

本范例将介绍创建并制作"围棋世界"字幕动画的方法，主要运用的知识点有使用文字工具创建字幕，在【基本图形】面板中设置字幕的大小、字体和位置参数，为字幕的不透明度创建关键帧动画。

◀◀ 扫码看视频(本节视频课程时间：1 分 15 秒)

素材保存路径：配套素材\第 6 章\6.1.3
素材文件名称：6.1.3.prproj

第 1 步 在工具栏中单击【文字工具】按钮 T，在【节目】监视器面板的画面中单击鼠标定位光标，此时在【时间轴】面板中的 V2 轨道中会自动添加一个"图形"素材，使用输入法输入文本内容，如图 6-8 所示。

第 2 步 按空格键完成输入，**1.** 在【基本图形】面板中设置文本的位置参数，**2.** 设置文本字体，**3.** 设置文本大小，如图 6-9 所示。

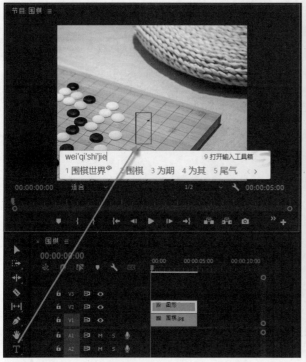

图 6-8

图 6-9

第 3 步 在【节目】监视器面板中查看效果，如图 6-10 所示。

第 4 步 在【效果控件】面板中，**1.** 单击文本素材的【不透明度】选项左侧的【切换动画】按钮 ⏱，设置【不透明度】选项参数，创建关键帧，**2.** 右击关键帧，在弹出的快捷菜单中选择【缓入】菜单项，如图 6-11 所示。

图 6-10

图 6-11

第5步 将时间指示器移至 2 秒 15 帧处，**1.** 设置【不透明度】选项参数，创建第 2 个关键帧，**2.** 右击关键帧，在弹出的快捷菜单中选择【缓出】菜单项，如图 6-12 所示。

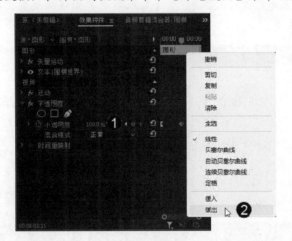

图 6-12

6.2 设置字幕属性和外观效果

在 Premiere 2022 的【基本形状】面板中，用户可以调整字幕的基本属性，字幕的基本属性包括响应式外观-位置、对齐并变换、样式、文本以及外观 5 个部分。本节将详细介绍设置字幕属性的相关知识及操作方法。

6.2.1 设置字体类型和字体大小

【文本】区域下的【字体】选项用于设置字体的类型，用户既可以直接在【字体系列】下拉列表框中输入字体名称，也可以单击下拉按钮，在弹出的【字体系列】下拉列表中选择合适的字体类型，如图 6-13 所示。

　　根据字体类型的不同，有多种不同的形态效果，通过【字体样式】选项可以指定当前所要显示的字体形态，如图 6-14 所示。

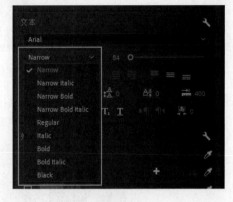

图 6-13　　　　　　　　　　　　　　　　　　　　图 6-14

　　【字体大小】选项用于控制文本的尺寸，如图 6-15 所示。其取值越大，字体的尺寸就越大；取值越小，字体的尺寸就越小。

图 6-15

6.2.2　设置字距和行距

　　【字距调整】选项用于调整字幕中字与字之间的距离，如图 6-16 所示。

图 6-16

　　图 6-17 所示为原字幕间距和设置字幕间距后的效果对比。

图 6-17

【行距】选项用于控制文本中行与行之间的距离，如图 6-18 所示。

图 6-18

图 6-19 所示为原字幕行距和设置字幕行距后的效果对比。

图 6-19

6.2.3　字幕的填充效果

创建字幕后，通过在【基本图形】面板中的【外观】区域设置【填充】选项，即可对字幕的填充颜色进行控制。如果想删除填充效果，则可以取消勾选【填充】复选框，关闭填充效果，从而使字幕的相应部分成为透明状态。

第 1 步　选中文本字幕，在【基本图形】面板中的【外观】区域单击【填充】选项左侧的颜色块，如图 6-20 所示。

第 2 步　打开【拾色器】对话框，**1.** 设置 RGB 数值，**2.** 单击【确定】按钮，如图 6-21 所示。

第 3 步　可以看到字幕的填充颜色已经改变，如图 6-22 所示。

图 6-20 　　　　　　　　　　　　　　　图 6-21

图 6-22

6.2.4　字幕描边和阴影效果

在【基本图形】面板中的【外观】区域勾选【描边】复选框，并设置参数，即可为字幕添加描边，如图 6-23 所示。

在【基本图形】面板中的【外观】区域勾选【阴影】复选框，并设置参数，即可为字幕添加阴影，如图 6-24 所示。

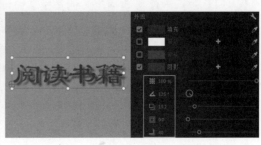

图 6-23 　　　　　　　　　　　　　　　图 6-24

6.2.5　课堂范例——制作波形变形文字效果

　　本范例将制作波形变形文字效果，所用知识点有使用文字工具创建字幕，设置字幕文本的字体、大小和填充颜色，设置字幕的持续时间，为字幕添加【波形变形】效果并创建关键帧动画，为字幕设置【不透明度】选项的关键帧动画。

◄◄ 扫码看视频(本节视频课程时间：1 分 28 秒)

素材保存路径：配套素材\第 6 章\6.2.5
素材文件名称：6.2.5.prproj

　　第1步　打开项目素材文件，在工具栏中单击【文字工具】按钮 **T**，在【节目】监视器面板的画面中单击鼠标定位光标，此时在【时间轴】面板中的 V2 轨道中会自动添加一个"图形"素材，使用输入法输入文本内容，如图 6-25 所示。

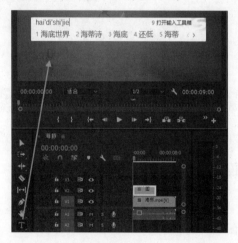

图 6-25

　　第2步　选中文本，在【基本图形】描边中设置字体为"方正胖头鱼简体"，设置大小为 500，设置填充颜色为白色，在【时间轴】描边中调整字幕的持续时间与视频素材一致，在【节目】面板中使用选择工具调整字幕的位置，如图 6-26 所示。

　　第3步　在【效果】面板的搜索框中输入"波形"，将搜索到的【波形变形】效果拖到字幕上，如图 6-27 所示。

　　第4步　在【效果控件】面板中设置【波形变形】选项参数，并创建关键帧，如图 6-28 所示。

　　第5步　将时间指示器移至 3 秒 9 帧处，继续设置【波形变形】选项参数，创建第 2 组关键帧，选中第 2 组关键帧并右击关键帧，在弹出的快捷菜单中选择【缓出】菜单项，如图 6-29 所示。

　　第6步　选中第 1 组关键帧并右击关键帧，在弹出的快捷菜单中选择【缓入】菜单项，如图 6-30 所示。

图 6-26 图 6-27

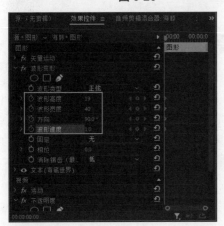

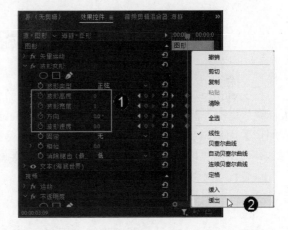

图 6-28 图 6-29

第 7 步 将时间指示器移至开始处，设置【不透明度】选项参数，并创建关键帧，如图 6-31 所示。

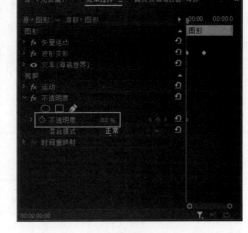

图 6-30 图 6-31

第 8 步 将时间指示器移至 3 秒 9 帧处，继续设置【不透明度】选项参数，创建第 2

个关键帧,如图 6-32 所示。通过以上步骤完成波形变形文字的制作。

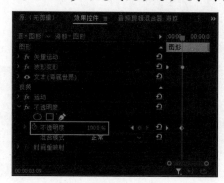

图 6-32

6.3　使用旧版标题创建字幕

在 Premiere 2022 之前的版本,用户创建字幕都是依靠字幕工作区实现的,也就是"旧版标题"命令,然而旧版字幕的功能将在 Premiere Pro 中停用,字幕工作区的功能已被【基本图形】面板取代,用户掌握【基本图形】面板的用法即可完全掌握创建字幕的方法。本节将介绍使用"旧版标题"命令创建字幕的相关知识。

6.3.1　认识字幕工作区

在 Premiere 2022 的字幕工作区,用户不仅可以创建和编辑静态字幕,还可以制作出各种动态的字幕效果。下面介绍打开字幕工作区并创建字幕的方法。

第 1 步　新建项目文件,**1.** 单击【文件】菜单,**2.** 选择【新建】菜单项,**3.** 选择【旧版标题】子菜单项,如图 6-33 所示。

第 2 步　打开【新建字幕】对话框,保持默认设置,单击【确定】按钮,如图 6-34 所示。

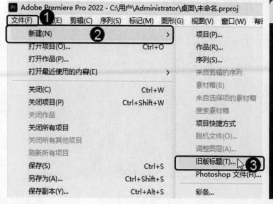

图 6-33

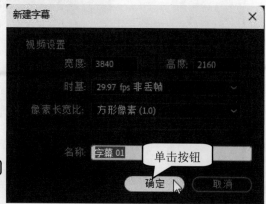

图 6-34

114

　　第 3 步　打开字幕工作区，使用文字工具在显示素材画面的区域上单击定位光标，输入字幕内容，并在【旧版标题属性】面板设置字体系列、字体样式、字体大小等属性，如图 6-35 所示。

图 6-35

　　字幕工作区里有【字幕】【字幕工具】【字幕动作】【旧版标题样式】【旧版标题属性】等面板。下面详细介绍各面板的功能。

1. 【字幕】面板

　　【字幕】面板是创建、编辑字幕的主要工作场所，用户不仅可以在该面板中直观地看到字幕应用于影片后的效果，还可以直接对其进行修改。【字幕】面板分为属性栏和编辑窗口两部分，其中编辑窗口是创建和编辑字幕的区域，而属性栏内则含有【字体系列】【字体样式】等字幕对象的常见属性设置项，可以快速调整字幕对象，从而提高创建及修改字幕的工作效率，如图 6-36 所示。

图 6-36

2. 【字幕工具】面板

　　【字幕工具】面板中有制作和编辑字幕时所要用到的工具。利用这些工具，用户不仅可以在字幕内加入文本，还可以绘制简单的集合图形，如图 6-37 所示。

【字幕工具】面板中各按钮的用法介绍如下。

➢ 【选择工具】按钮▶：利用该工具，只需在【字幕】面板内单击文本或图形，即可选择这些对象。选中对象后，所选对象的周围将会出现多个角点，按住 Shift 键单击还可以选择多个对象。

➢ 【旋转工具】按钮🔄：用于对文本进行旋转操作。

➢ 【文字工具】按钮**T**：用于在水平方向上输入文字。

➢ 【垂直文字工具】按钮**IT**：用于在垂直方向上输入文字。

➢ 【区域文字工具】按钮▦：可在水平方向上输入多行文字。

➢ 【垂直区域文字工具】按钮▦：可在垂直方向上输入多行文字。

图 6-37

➢ 【路径文字工具】按钮✎：可沿弯曲的路径输入垂直于路径的文本。

➢ 【钢笔工具】按钮✒：用于创建和调整路径。此外，还可以通过调整路径的形状而影响由【路径文字工具】和【垂直路径文字工具】所创建的路径文字。

➢ 【添加锚点工具】按钮✚：可以增加路径上的节点，常与【钢笔工具】结合使用。路径上的节点数量越多，用户对路径的控制也就越为灵活，路径所能够呈现出的形状也就越复杂。

➢ 【删除锚点工具】按钮✒：可以减少路径上的节点，也常与【钢笔工具】结合使用。当使用【删除锚点工具】将路径上的所有节点删除后，该路径对象也会随之消失。

➢ 【转换锚点工具】按钮◣：路径上的每个节点都包含两个控制柄，而【转换锚点工具】的作用就是通过调整节点上的控制柄，达到调整路径形状的作用。

➢ 【矩形工具】按钮■：用于绘制矩形图形，配合 Shift 键使用时可以绘制正方形。

➢ 【圆角矩形工具】按钮▢：用于绘制圆角矩形，配合 Shift 键使用时可以绘制出长宽相等的圆角矩形。

➢ 【切角矩形工具】按钮▢：用于绘制八边形，配合 Shift 键使用时可以绘制出正八边形。

➢ 【圆角矩形工具】按钮▢：用于绘制类似于胶囊的图形，所绘制的图形与【圆角矩形工具】▢绘制出的图形的差别在于：此圆角矩形只有 2 条直线边，上一个圆角矩形有 4 条直线边。

➢ 【楔形工具】按钮◣：用于绘制不同样式的三角形。

➢ 【弧形工具】按钮◢：用于绘制封闭的弧形对象。

➢ 【椭圆工具】按钮◯：用于绘制椭圆形。

➢ 【直线工具】按钮╱：用于绘制直线。

3. 【字幕动作】面板

【字幕动作】面板内的工具在对齐或排列【字幕】面板编辑窗口中所选的对象时使用，如图 6-38 所示，其中各按钮的用法介绍如下。

图 6-38

➢ 【水平靠左】按钮▦：所选对象以最左侧对象的左边线为基准进行对齐。

> 【水平居中】按钮▣：所选对象以中间对象的水平中线为基准进行对齐。

> 【水平靠右】按钮▣：所选对象以最右侧对象的右边线为基准进行对齐。

> 【垂直靠上】按钮▣：所选对象以最上方对象的顶边线为基准进行对齐。

> 【垂直居中】按钮▣：所选对象以中间对象的垂直中线为基准进行对齐。

> 【垂直靠下】按钮▣：所选对象以最下方对象的底边线为基准进行对齐。

> 【中心水平居中】按钮▣：在垂直方向上，与视频画面的水平中心保持一致。

> 【中心垂直居中】按钮▣：在水平方向上，与视频画面的垂直中心保持一致。

> 【分布水平靠左】按钮▣：以左右两侧对象的左边线为界，使相邻对象左边线的间距保持一致。

> 【分布水平居中】按钮▣：以左右两侧对象的垂直中心线为界，使相邻对象中心线的间距保持一致。

> 【分布水平靠右】按钮▣：以左右两侧对象的右边线为界，使相邻对象右边线的间距保持一致。

> 【分布水平等距间隔】按钮▣：以左右两侧对象为界，使相邻对象的垂直间距保持一致。

> 【分布垂直靠上】按钮▣：以上下两端对象的顶边线为界，使相邻对象顶边线的间距保持一致。

> 【分布垂直居中】按钮▣：以上下两端对象的水平中心线为界，使相邻对象中心线的间距保持一致。

> 【分布垂直靠下】按钮▣：以上下两端对象的底边线为界，使相邻对象底边线的间距保持一致。

> 【分布垂直等距间距】按钮▣：以上下两端对象为界，使相邻对象水平间距保持一致。

智慧锦囊

　　至少应选择两个对象后，【对齐】选项组内的工具才会被激活，而【分布】选项组内的工具至少要选择 3 个对象后才会被激活。

4. 【旧版标题样式】面板

　　【旧版标题样式】面板(旧标题样式)存放着 Premiere 内的各种预置字幕样式。利用这些字幕样式，用户创建字幕内容后，即可快速获得各种精美的字幕素材，如图 6-39 所示。

5. 【旧版标题属性】面板

　　在 Premiere 2022 中，所有与字幕内各对象属性相关的选项都放置在【旧版标题属性】面板中。利用该面板内的各种选项，用户不仅可以对字幕的位置、大小、颜色等基本属性进行调整，还可以为其添加描边与阴影效果，如图 6-40 所示。

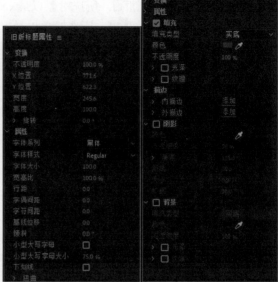

图 6-39 图 6-40

6.3.2 创建路径文本字幕

与水平文本字幕和垂直文本字幕相比,路径文本字幕的特点是能够通过调整路径形状而改变字幕的整体形态,但必须依附于路径才能够存在。下面详细介绍创建路径文本字幕的操作方法。

第1步 单击【路径文字工具】按钮,然后单击屏幕内的任意位置,创建路径的第1个节点,在其他位置单击创建第2个节点,并通过调整节点上的控制柄来修改路径形状,再创建第3个节点,如图 6-41 所示。

第2步 再次单击【路径文字工具】按钮,在路径上单击鼠标定位光标,使用输入法输入内容,设置字体、大小和颜色,通过以上步骤即可完成创建路径文本字幕的操作,如图 6-42 所示。

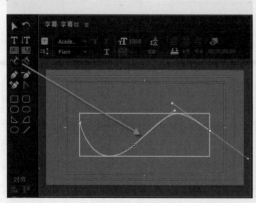

图 6-41 图 6-42

6.3.3　设置字幕属性

在 Premiere 2022 软件中的【旧版标题属性】面板中，【属性】选项组的选项主要用于调整字幕的基本属性，如字体样式、字体大小、字幕间距等。本节将详细介绍设置字幕属性的相关知识。

1. 设置字体类型

【字体系列】选项用于设置字体的类型，用户既可以直接在【字体系列】下拉列表框内输入字体名称，也可以单击该选项的下拉按钮，在弹出的【字体系列】下拉列表中选择合适的字体类型，如图 6-43 所示。

根据字体类型的不同，有多种不同的形态效果，通过【字体样式】选项可以指定当前所要显示的字体形态，如图 6-44 所示。

2. 设置字体大小

【字体大小】选项用于控制文本的尺寸，如图 6-45 所示。其取值越大，字体的尺寸就越大；取值越小，字体的尺寸就越小。

图 6-43

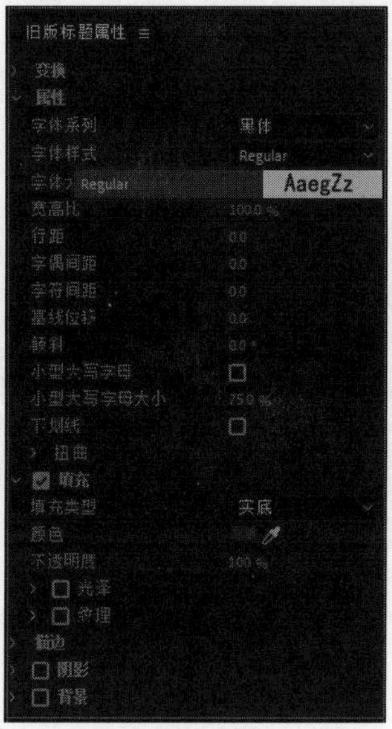

图 6-44

图 6-45

3. 设置字幕间距

【字偶间距】选项可用于调整字幕中字与字之间的距离。其调整效果与【字符间距】选项的调整效果类似，如图 6-46 所示。

4. 设置字幕行距

【行距】选项用于控制文本中行与行之间的距离，如图 6-47 所示。

图 6-46

图 6-47

6.3.4 课堂范例——创建与应用字幕样式

用户除了可以直接应用 Premiere 2022 自带的字幕样式外，还可以根据需要自己创建字幕样式。本范例将详细介绍创建与应用字幕样式的操作方法。

◀◀ 扫码看视频(本节视频课程时间：1 分 13 秒)

第 1 步 单击【文件】菜单，选择【新建】菜单项，选择【旧版标题】子菜单项，打开字幕工作区，使用文字工具输入字幕内容"视频剪辑"，设置【字体系列】为"方正毡笔黑简体"，【字体大小】为 437，如图 6-48 所示。

第 2 步 设置【填充类型】为【线性渐变】选项，双击下方左侧的颜色块，如图 6-49 所示。

图 6-48

图 6-49

第 3 步 打开【拾色器】对话框，**1.** 设置 RGB 数值，**2.** 单击【确定】按钮，如图 6-50 所示。

第 4 步 为字幕添加外描边，设置【大小】为 41，颜色为黑色，如图 6-51 所示。

第 5 步 在【字幕】面板中可以查看文本效果，如图 6-52 所示。

第 6 步 在【旧版标题样式】面板中单击【面板菜单】按钮▤，选择【新建样式】菜单项，如图 6-53 所示。

第 7 步 打开【新建样式】对话框，**1.** 在【名称】文本框中输入名称"111"，**2.** 单击【确定】按钮，如图 6-54 所示。

第 8 步 使用文字工具输入文本"动画制作"，在【旧版标题样式】面板中单击刚刚创建的名为"111"的旧版标题样式，如图 6-55 所示。

图 6-50

图 6-51

图 6-52

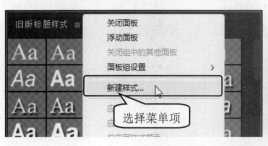

图 6-53

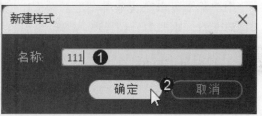

图 6-54

图 6-55

第9步 可以看到文本已经应用了新创建的旧版标题样式,通过以上步骤即可完成创建与应用字幕样式的操作,如图 6-56 所示。

图 6-56

6.4 绘制与编辑图形

用户除了可以在【基本图形】面板中创建矢量形状作为图形元素外,还可以从本地导入图形元素。本节将介绍绘制与编辑图形的相关知识。

6.4.1 绘制图形

绘制图形有两种方法,一种是使用钢笔工具直接在【节目】面板中进行绘制,另一种是使用【基本图形】面板进行绘制。

1. 使用钢笔工具绘制图形

在工具栏中单击【钢笔工具】按钮 ,在【节目】面板中多次单击创建形状,每次单击,Premiere 都会添加一个锚点,最后单击第 1 个锚点即可完成绘制,如图 6-57 所示。

2. 使用【基本图形】面板绘制形状

第1步 打开【基本图形】面板,*1.* 切换到【编辑】选项卡,*2.* 单击【新建图层】按钮,*3.* 在弹出的菜单中选择【矩形】菜单项,如图 6-58 所示。

第2步 可以看到【节目】面板中已经添加了一个矩形,通过以上步骤即可完成使用【基本图形】面板绘制形状的操作,如图 6-59 所示。

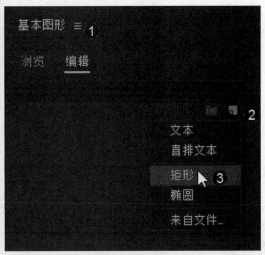

图 6-57　　　　　　　　　　　　　　　　　　　图 6-58

图 6-59

6.4.2　设置图形色彩

　　绘制完图形后，用户可以设置图形的填充颜色、描边和阴影等属性，使其符合视频剪辑的需要。选中图形，在【基本图形】面板下的【编辑】选项卡中，设置【外观】区域的【填充】【描边】【阴影】选项参数，即可完成设置图形色彩的操作，如图 6-60 所示。

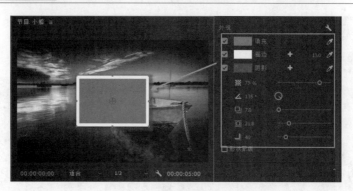

图 6-60

6.4.3 修改图形

如果需要对绘制的图形进行修改，用户可以使用钢笔工具在图形锚点上单击并拖动，即可改变锚点的位置从而改变图形，如图 6-61 和图 6-62 所示。

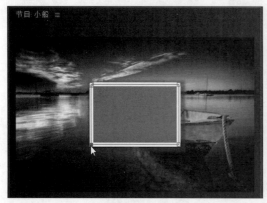

图 6-61

图 6-62

使用钢笔工具将鼠标指针移至图形的边线上，当鼠标指针变为 形状时，单击并拖动鼠标可以为图形添加锚点，并将直线变为曲线，如图 6-63 和图 6-64 所示。

图 6-63

图 6-64

6.4.4　课堂范例——制作姓名条动画

本范例将制作电视新闻节目姓名条动画,需要运用的知识点有使用
【基本图形】面板创建文本和矩形,设置文本的字体、大小、字间距、
填充颜色和背景颜色,为矩形添加蒙版,为矩形和文本添加关键帧动画。

◀◀ 扫码看视频(本节视频课程时间: 2 分 42 秒)

> 素材保存路径: 配套素材\第 6 章\6.4.4
> 素材文件名称: 6.4.4.prproj

第 1 步 打开项目素材文件,在【基本图形】面板中创建一个文本,输入"主持人",
设置字体为"汉真广标",设置字距为 100,单击【背景】选项颜色块,如图 6-65 所示。

第 2 步 打开【拾色器】对话框,**1.** 设置 RGB 数值,**2.** 单击【确定】按钮,如
图 6-66 所示。

图 6-65

图 6-66

第 3 步 设置【背景】选项参数,如图 6-67 所示。

第 4 步 右击文本图层,选择【复制】菜单项,如图 6-68 所示。

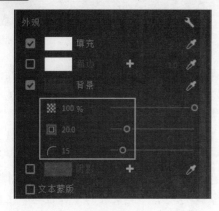

图 6-67

图 6-68

第 5 步 移动复制出的文本,并输入新内容"李**",更改字体为"黑体",设置字

体大小为 80，调整字距为 200，单击【填充】选项颜色块，如图 6-69 所示。

第 6 步 打开【拾色器】对话框，输入颜色值，单击【确定】按钮，如图 6-70 所示。

图 6-69 | 图 6-70

第 7 步 单击【背景】颜色块，打开【拾色器】对话框，设置 RGB 数值为 183、183、183，单击【确定】按钮，效果如图 6-71 所示。

第 8 步 在【基本图形】面板中创建一个矩形，调整大小和位置，为其填充白色，效果如图 6-72 所示。

图 6-71 | 图 6-72

第 9 步 在【效果控件】面板中单击展开【形状(形状 01)】选项，将时间指示器移至 10 帧处，单击【位置】和【不透明度】选项左侧的【切换动画】按钮，创建关键帧，如图 6-73 所示。

第 10 步 将时间指示器移至开始处，设置【位置】和【不透明度】选项参数，创建第 2 组关键帧，如图 6-74 所示。

第 11 步 在【效果控件】面板中单击展开【文本(主持人)】选项，单击【创建 4 点多边形蒙版】按钮，在【节目】面板中调整蒙版的大小，使蒙版的左边框与"主持人"文本左侧对齐，如图 6-75 所示。

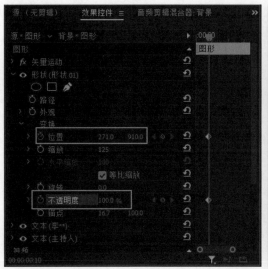
图 6-73

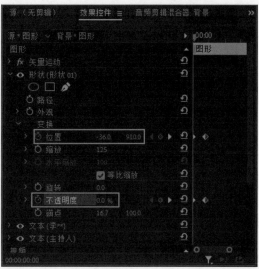
图 6-74

第 12 步 将时间指示器移至 18 帧处，单击【位置】选项左侧的【切换动画】按钮，创建关键帧，如图 6-76 所示。

图 6-75

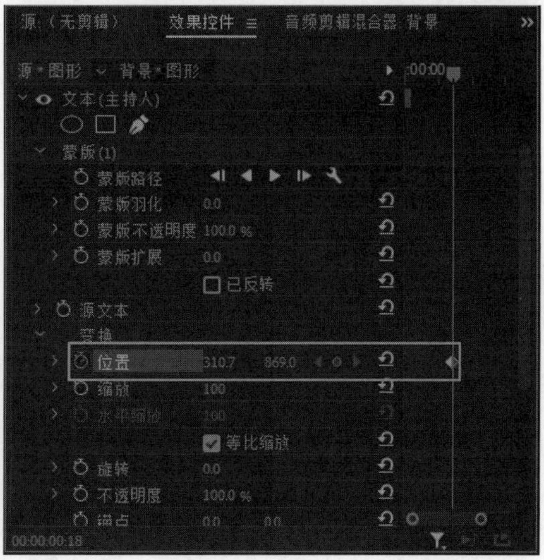

图 6-76

第 13 步 将时间指示器移至 10 帧处，设置【位置】选项参数，创建第 2 个关键帧，如图 6-77 所示。

第 14 步 右击【蒙版】选项，在弹出的快捷菜单中选择【复制】菜单项，如图 6-78 所示。

第 15 步 右击【文本(李**)】选项，在弹出的快捷菜单中选择【粘贴】菜单项，如图 6-79 所示。

第 16 步 将时间指示器移至 22 帧处，在【文本(李**)】选项下继续为【位置】选项添加关键帧，如图 6-80 所示。

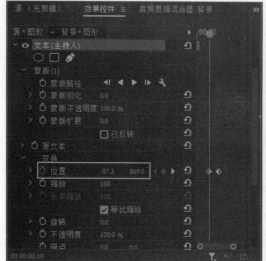

图 6-77

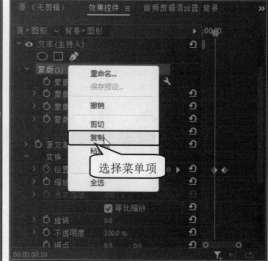

图 6-78

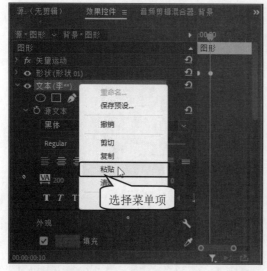

图 6-79

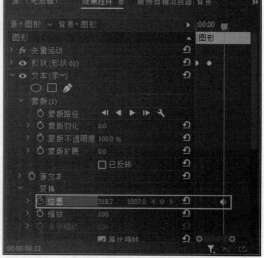

图 6-80

第17步 将时间指示器移至 15 帧处，设置【位置】选项参数，创建第 2 个关键帧，如图 6-81 所示。

第18步 右击【位置】选项的第 1 个关键帧，在弹出的快捷菜单中选择【临时插值】菜单项，在弹出的子菜单中选择【缓入】子菜单项，按照相同方法为所有【位置】选项的最后一个关键帧都设置缓入，通过以上步骤即可完成制作姓名条动画，如图 6-82 所示。

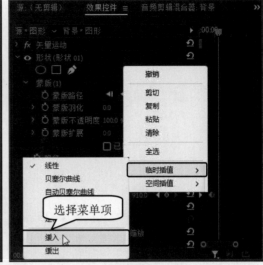

图 6-81　　　　　　　　　　　　　　　　图 6-82

6.5　实践案例与上机指导

通过对本章内容的学习，读者基本可以掌握字幕与图形设计的基本知识以及一些常见的操作方法。下面通过实际操作，以达到巩固学习、拓展提高的目的。

6.5.1　擦除显现文字动画

本节将制作擦除显现文字动画，需要使用的知识点有使用【基本图形】面板创建文本，设置文本字体、颜色等属性，为文本添加【百叶窗】效果并设置关键帧，为文本添加【线性擦除】效果并设置关键帧。

◀◀ 扫码看视频(本节视频课程时间：1 分 17 秒)

素材保存路径：配套素材\第 6 章\6.5.1
素材文件名称：6.5.1.prproj

第 1 步　打开项目文件，在【基本图形】面板中创建文本，输入内容 "I know"，设置文本字体为 Eras Bold ITC，大小为 188，字间距为 100，填充颜色为(R: 234，G: 141，B: 141)，并设置文本水平和居中对齐，效果如图 6-83 所示。

第 2 步　在【效果】面板的搜索框中输入 "百叶窗"，将搜索到的效果拖到【时间轴】面板中的文本素材上，在【效果控件】面板中，设置【过渡完成】和【方向】选项参数，如图 6-84 所示。

第 3 步　在【效果】面板的搜索框中输入 "线性"，将搜索到的【线性擦除】效果拖到文本素材上，在【效果控件】面板中，将时间指示器移至开始处，为【过渡完成】选项

创建关键帧，设置【擦除角度】选项参数，如图 6-85 所示。

图 6-83

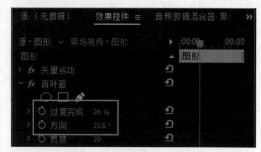

图 6-84

第 4 步 在 1 秒 12 帧处，设置【过渡完成】选项参数，如图 6-86 所示。

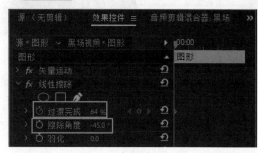

图 6-85

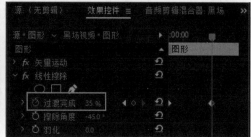

图 6-86

6.5.2 高亮文字动画

本节将制作高亮文字动画，需要使用的知识点有使用【基本图形】面板创建文本，设置文本字体、颜色等属性，复制文本素材，更改文本素材的填充颜色，为文本创建椭圆形蒙版，为蒙版位置创建关键帧。

◀◀ 扫码看视频(本节视频课程时间：1 分 09 秒)

 素材保存路径：配套素材\第 6 章\6.5.2
素材文件名称：6.5.2.prproj

第 1 步 打开项目文件，在【基本图形】面板中创建文本，输入内容"速度与激情"，设置文本字体为方正综艺简体，大小为 80，填充颜色为(R: 176，G: 176，B: 176)，效果如图 6-87 所示。

第 2 步 按住 Alt 键单击并拖动 V2 轨道中的文本素材至 V3 轨道，复制一个素材，如图 6-88 所示。

第 3 步 在【基本图形】面板中设置 V3 轨道上的文本填充颜色为白色，选中 V3 轨道上的文本，在【效果控件】面板下的【不透明度】选项中单击【创建椭圆形蒙版】按钮 ⬤，在【节目】面板中出现椭圆形蒙版，调整蒙版的大小和位置，单击【蒙版路径】选项左侧的【切换动画】按钮，创建关键帧，设置【蒙版羽化】选项参数，如图 6-89 所示。

图 6-87

图 6-88

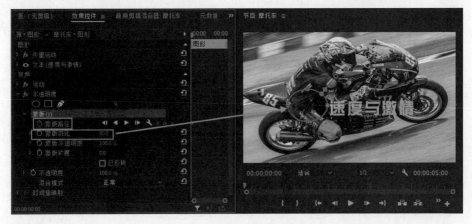

图 6-89

第 4 步　将时间指示器移至 2 秒 04 帧处，移动蒙版位置，创建第 2 个关键帧，如图 6-90 所示。

图 6-90

6.6　思考与练习

一、填空题

1.【基本图形】面板有两个选项卡，一个是＿＿＿＿＿＿＿＿选项卡，一个是【编辑】选项卡。

2. _____选项用于控制文本中行与行之间的距离。

二、判断题

1. 字幕只能通过文字工具进行创建。 （　　）

2. 【行距】选项用于调整字幕中字与字之间的距离。 （　　）

三、思考题

1. 如何创建路径文本字幕?

2. 如何使用【基本图形】面板创建字幕?

新起点 电脑教程

第7章

编辑与制作音频

本章要点

- 音频制作基础知识
- 使用音频剪辑混合器
- 音频过渡效果和音频效果

本章主要内容

本章主要介绍音频制作基础知识和使用音频剪辑混合器方面的知识与技巧，以及如何使用音频过渡效果和音频效果。在本章的最后还针对实际的工作需求，讲解了制作大喇叭广播音效和制作左右声道不同音乐效果的方法。通过对本章内容的学习，读者可以掌握编辑与制作音频方面的知识，为深入学习Premiere 2022知识奠定基础。

7.1 音频制作基础知识

在制作影视节目时，声音是必不可少的元素，无论是同期的配音、后期的效果，还是背景音乐，都是不可或缺的。影视制作中的声音包括人声、解说、音乐和音响等，本节将详细介绍音频制作基础知识。

7.1.1 添加和删除音频

在 Premiere 2022 中，添加音频素材的方法与添加视频素材的方法基本相同。下面详细介绍两种添加音频的方法。

1. 通过【项目】面板添加音频

在【项目】面板中右击音频素材，在弹出的快捷菜单中选择【插入】菜单项，即可将音频添加到时间轴上，如图 7-1 所示。

图 7-1

2. 通过鼠标拖曳添加音频

除使用菜单添加音频外，用户还可以直接在【项目】面板中单击并拖动准备添加的音频素材到时间轴上，如图 7-2 所示。

图 7-2

知识精讲

在使用快捷菜单添加音频素材时，需要先在【时间轴】面板中激活要添加素材的音频轨道，被激活的音频轨道将以白色显示。如果在【时间轴】面板中没有激活相应的音频轨道，则右键快捷菜单中的【插入】命令将被禁用。

删除音频的方法非常简单，在【时间轴】面板中单击选中音频素材，按 Delete 键即可删除音频；或者右击音频素材，在弹出的快捷菜单中选择【清除】菜单项也可以删除音频，如图 7-3 所示。

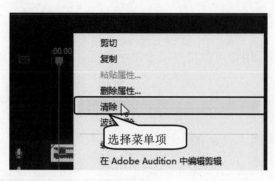

图 7-3

7.1.2　设置音频播放速度和持续时间

音频素材的播放速度和持续时间与视频素材中的一样，都可以进行具体设置，下面详细介绍设置音频播放速度和持续时间的方法。

第 1 步　在【时间轴】面板上右击音频素材，在弹出的快捷菜单中选择【速度/持续时间】菜单项，如图 7-4 所示。

第 2 步　打开【剪辑速度/持续时间】对话框，*1.* 设置【速度】选项参数，*2.* 单击【确定】按钮，如图 7-5 所示。

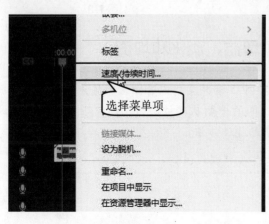

图 7-4

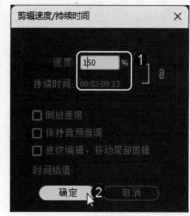

图 7-5

第3步 完成设置音频播放速度和持续时间的操作，可以看到由于播放速度变快，播放时间变短，如图 7-6 所示。

图 7-6

7.1.3 音频和视频链接

编辑好音频素材后，用户可以将音频素材与视频素材链接在一起，方便以后一起对两个素材进行操作。

第1步 同时选中视频素材和音频素材并右击，在弹出的快捷菜单中选择【链接】菜单项，如图 7-7 所示。

第2步 即可将视频素材和音频素材链接在一起，链接后的视频素材名称后面会添加"[V]"，如图 7-8 所示。

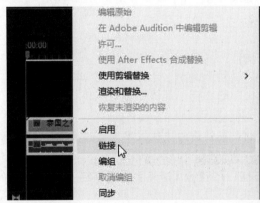

图 7-7

图 7-8

7.1.4 课堂范例——调整音频增益、淡化和均衡

在 Premiere 2022 中，音频素材内音频信号的声调高低称为增益，而音频素材内各声道间的平衡状况被称为均衡。下面详细介绍调整音频增益、淡化和均衡的操作方法。

◀◀ 扫码看视频(本节视频课程时间：1 分 15 秒)

1. 调整音频增益

制作影视节目时，整部影片内往往会使用多个音频素材。此时，就需要对各个音频素材的增益进行调整，以免部分音频素材出现声调过高或过低的情况，最终影响整个影片的制作效果。下面详细介绍调整音频增益的操作方法。

第 1 步 选中音频素材，**1.** 单击【剪辑】菜单，**2.** 在弹出的菜单中选择【音频选项】菜单项，**3.** 在弹出的子菜单中选择【音频增益】子菜单项，如图 7-9 所示。

第 2 步 弹出【音频增益】对话框，**1.** 选中【调整增益值】单选按钮，**2.** 在右侧文本框中输入增益数值，**3.** 单击【确定】按钮即可完成调整增益的操作，如图 7-10 所示。

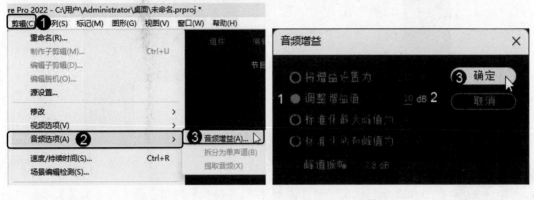

图 7-9　　　　　　　　　　　　　　　　图 7-10

2. 淡化声音

在影视节目中，对背景音乐最为常见的一种处理效果是随着影片的播放，背景音乐的声音逐渐减小，直至消失。这种效果称为声音的淡化处理，用户可以通过调整关键帧的方式来制作。

如果要实现音频素材的淡化效果，至少应该为音频素材添加两处音量关键帧：一处位于淡化效果的起始阶段，另一处位于淡化效果的末尾阶段。在工具栏中单击【钢笔工具】按钮，使用钢笔工具降低淡化效果末尾关键帧的增益，即可实现相应音频素材的逐渐淡化直至消失的效果，如图 7-11 所示。

图 7-11

3. 均衡立体声

利用 Premiere 中的钢笔工具，用户可以直接在【时间轴】面板上为音频素材添加关键帧，并调整关键帧位置上的音量大小，从而达到均衡立体声的目的。

第1步 在【时间轴】面板中右击音频素材，**1.** 在弹出的菜单中选择【显示剪辑关键帧】菜单项，**2.** 在弹出的子菜单中选择【声像器】子菜单项，**3.** 在弹出的子菜单中选择【平衡】菜单项，如图 7-12 所示。

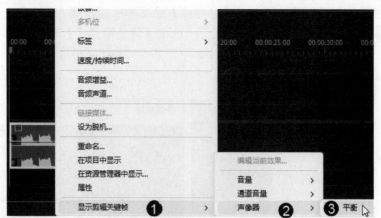

图 7-12

第2步 单击相应音频轨道中的【添加/移除关键帧】按钮，并使用【工具】面板中的【钢笔工具】调整关键帧调节线，即可调整立体声的均衡效果，如图 7-13 所示。

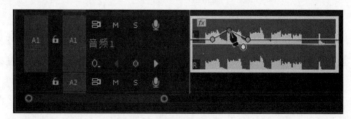

图 7-13

7.2 使用音频剪辑混合器

音频剪辑混合器是 Premiere 2022 中混合音频的新方式。除混合轨道外，现在还可以控制混合器界面中的单个剪辑，并创建更平滑的音频淡化效果。

7.2.1 认识音频剪辑混合器面板

【音频剪辑混合器】面板与【音轨混合器】面板之间相互关联，但是当【时间轴】面板是目前所关注的面板时，可以通过【音频剪辑混合器】监视并调整序列中剪辑的音量和声像；同样，当【源】监视器面板是所选中的面板时，可以通过【音频剪辑混合器】监视源监视器中的剪辑，如图 7-14 所示。

Premiere 2022 中的【音频剪辑混合器】面板起着检查器的作用。其音量控制器会映射至剪辑的音量水平，而声像控制会映射至剪辑的声像。

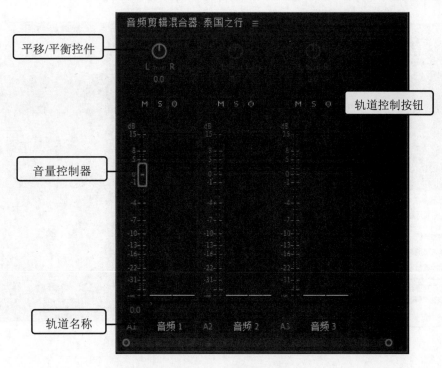

平移/平衡控件

轨道控制按钮

音量控制器

轨道名称

图 7-14

当【时间轴】面板处于选中状态时，播放指示器当前位置下方的每个剪辑都将映射到【音频剪辑混合器】的声道中。只有播放指示器下存在剪辑时，【音频剪辑混合器】才会显示剪辑音频。当轨道包含间隙时，则剪辑混合器中相应的声道为空。

7.2.2　课堂范例——使用"音频剪辑混合器"调节音频

【音频剪辑混合器】面板与【音轨混合器】面板相比，除了能够进行音量的设置外，还能够进行声道音量的设置。本范例将详细介绍使用"音频剪辑混合器"调节音频声道音量和关键帧的方法。

◀◀ 扫码看视频(本节视频课程时间：46 秒)

1. 设置声道音量

在【音频剪辑混合器】面板中除了能够设置音频轨道中的总体音量外，还可以单独设置声道音量。但是在默认情况下声道音量控制功能是禁用的，下面介绍开启声道音量控制的方法。

第 1 步　在【音频剪辑混合器】面板中右击音量表，在弹出的快捷菜单中选择【显示声道音量】菜单项，如图 7-15 所示。

第 2 步　即可显示出声道衰减器，当鼠标指向【音频剪辑混合器】面板中的音量表时，衰减器会变成按钮形式，这时上下单击并拖动衰减器，可以单独控制声道音量，如图 7-16 所示。

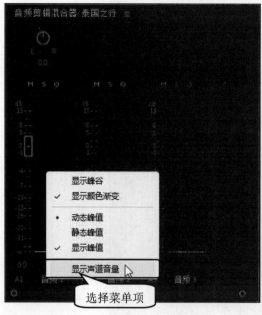

图 7-15

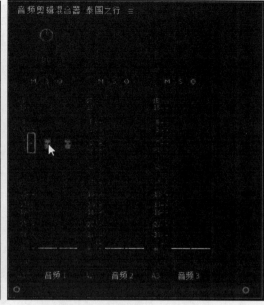

图 7-16

2. 关键帧

【音频剪辑混合器】面板中的【写关键帧】按钮 状态，可以决定对音量或声像器进行更改的性质。在该面板中不仅能够设置音频轨道中音频总体音量与声道音量，还能够设置不同时间段的音频音量。下面详细介绍设置不同时间段的音频音量的方法。

第 1 步 在时间轴上确定播放指示器在音频片段中的位置，在【音频剪辑混合器】面板中单击【写关键帧】按钮 ，如图 7-17 所示。

第 2 步 按空格键播放音频片段后，在不同的时间段中单击并拖动【音频剪辑混合器】面板中的控制音量的衰减器，创建关键帧，设置音量高低，如图 7-18 所示。

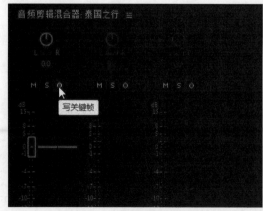

图 7-17

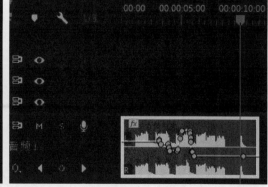

图 7-18

7.3 音频过渡效果和音频效果

在制作影片的过程中，为音频素材添加音频过渡效果或音频效果，能够使音频素材间的链接更为自然、融洽，从而提高影片的整体质量。用户可以利用 Premiere 2022 内置的音频效果快速制作出想要的音频特效。

7.3.1 添加音频过渡效果

与视频切换效果相同，音频过渡效果也放在【效果】面板中。在【效果】面板中，依次展开【音频过渡】→【交叉淡化】文件夹，即可显示 Premiere 2022 内置的 3 种音频过渡效果，如图 7-19 所示。

图 7-19

【交叉淡化】文件夹中的不同音频过渡可以实现不同的音频处理效果。如果要为音频素材应用过渡效果，只需先将音频素材添加至【时间轴】面板，再将相应的音频过渡效果拖至音频素材的开始或末尾位置即可，如图 7-20 所示。

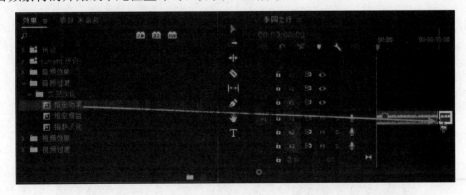

图 7-20

默认情况下，所有音频过渡效果的持续时间均为 1 秒。不过，当在【时间轴】面板中选择某个音频过渡效果后，可以在【效果控件】面板中的【持续时间】文本框中设置音频的播放长度，如图 7-21 所示。

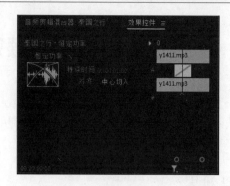

图 7-21

7.3.2 添加、移除和关闭音频效果

在 Premiere 2022 中，声音可以如同视频图像那样被添加各种特效。音频特效不仅可以应用于音频素材，还可以应用于音频轨道。利用提供的这些音频特效，用户可以非常方便地为影片添加混响、延时、反射等声音特效。

在【效果】面板中单击展开【音频效果】文件夹，即可看到 Premiere 2022 自带的所有音频效果，如图 7-22 所示。

图 7-22

如果要为音频素材应用音频效果，只需先将音频素材添加至【时间轴】面板，再将相应的音频效果拖至音频素材上即可，如图 7-23 所示。

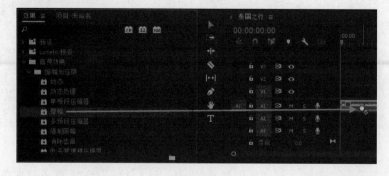

图 7-23

或者在【时间轴】面板中选中音频素材，将音频效果拖入【效果控件】面板的空白处，

也可以完成添加音频效果的操作，如图 7-24 所示。

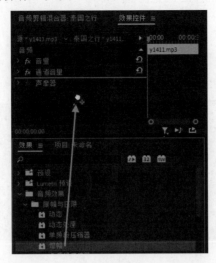

图 7-24

　　若要移除音频效果，可以在【效果控件】面板中右击音频效果名称，在弹出的快捷菜单中选择【清除】菜单项即可，如图 7-25 所示；若要关闭音频效果，可以在【效果控件】面板中单击音频效果名称前面的【切换效果开关】按钮 fx，按钮标志变为 fx，表示该效果已关闭，如图 7-26 所示。

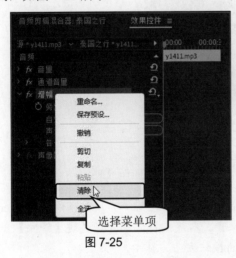

图 7-25

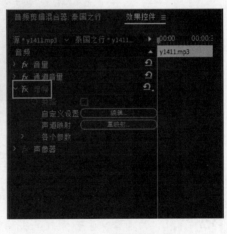

图 7-26

7.3.3　课堂范例——制作山谷回声效果

　　电影电视中经常会有回声效果，这种回声效果是利用延迟音频效果实现的。本范例将详细介绍利用演示音频效果制作山谷回声效果的操作方法。

◀◀ 扫码看视频(本节视频课程时间：21 秒)

第1步 打开项目素材文件，可以看到已经新建了一个【鸟语花香】序列，并在【时间轴】面板中导入了一个音频素材和视频素材。在【效果】面板中的搜索框中搜索"延迟"，将搜索到的【延迟】效果拖至【时间轴】面板的音频素材上，如图 7-27 所示。

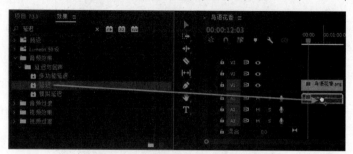

图 7-27

第2步 在【效果控件】面板中设置【延迟】【反馈】【混合】选项参数，通过以上步骤即可完成制作山谷回声音效的操作，如图 7-28 所示。

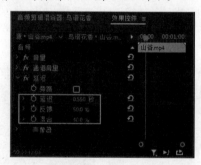

图 7-28

7.3.4 课堂范例——消除背景杂音

 信息采集过程中，经常会采集到一些噪声，用户可以使用 Premiere 的【降噪】音频效果去除噪音。本范例将详细介绍通过【降噪】音频特效来降低音频素材中噪声的操作方法。

◀◀ 扫码看视频(本节视频课程时间：47 秒)

 素材保存路径：配套素材\第 7 章\7.3.4

素材文件名称：7.3.4.prproj

第1步 打开项目素材文件，在【项目】面板中双击"演唱会.3gp"素材文件，在【源】监视器面板中将其打开，然后单击【设置】按钮，在弹出的快捷菜单中选择【音频波形】菜单项，如图 7-29 所示。

第2步 在【源】监视器面板中将只显示音频波形效果，如图 7-30 所示。

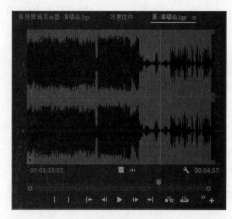

图 7-29　　　　　　　　　　　　　　图 7-30

第3步 在【效果】面板的搜索框中输入"降噪"，将搜索到的【降噪】效果拖至【时间轴】面板的音频素材上，如图 7-31 所示。

第4步 在【效果控件】面板中单击【自定义设置】选项右侧的【编辑】按钮，如图 7-32 所示。

图 7-31　　　　　　　　　　　　　　图 7-32

第5步 打开【剪辑效果编辑器-降噪】对话框，**1.** 在【预设】下拉列表中选择【弱降噪】选项，**2.** 设置降噪数量，**3.** 设置完成后单击【关闭】按钮即可完成消除背景杂音的操作，如图 7-33 所示。

图 7-33

7.3.5　课堂范例——应用【低通】音频效果

本范例的主要内容有为苹果入水视频添加音效和背景音乐，并为背景音乐添加入水后的沉闷播放效果，用户只需为背景音乐添加【低通】效果即可实现入水后的沉闷效果。

◄◄ 扫码看视频(本节视频课程时间：1 分 17 秒)

素材保存路径：配套素材\第 7 章\7.3.5
素材文件名称：背景音乐.mp3、苹果落水.mp4、入水.mp3

第 1 步 新建项目文件，双击【项目】面板空白处，打开【导入】对话框，**1.** 选择素材，**2.** 单击【打开】按钮，如图 7-34 所示。

第 2 步 素材导入到【项目】面板中，将"苹果落水"素材拖入 V1 轨道，将"入水"音效拖入 A1 轨道，并放置在 2 秒 20 帧处，将"背景音乐"素材拖入 A2 轨道，如图 7-35 所示。

图 7-34

图 7-35

第 3 步 使用剃刀工具在 6 秒 20 帧处裁剪"背景音乐"素材，并删除前部分素材，将后部分素材移至开头，如图 7-36 所示。

第 4 步 在【效果】面板的搜索框中输入"低通"，将搜索到的【低通】效果拖至【时间轴】面板的"背景音乐"素材上，如图 7-37 所示。

第 5 步 在【效果控件】面板下的【低通】选项中，在 2 秒 20 帧处单击【切断】选项左侧的【切换动画】按钮，创建第 1 个关键帧，设置参数为最大值，如图 7-38 所示。

第 6 步 在 4 秒 17 帧处设置【切断】选项参数，创建第 2 个关键帧，如图 7-39 所示。

第 7 步 在 12 秒 8 帧处设置【切断】选项参数为最大值，创建第 3 个关键帧，即可完成应用【低通】效果的操作，如图 7-40 所示。

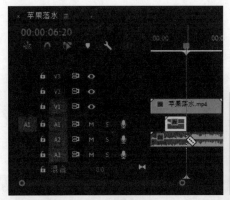

图 7-36   图 7-37

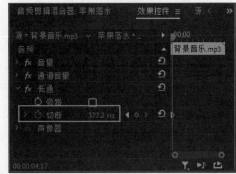

图 7-38   图 7-39

图 7-40

7.3.6 课堂范例——为诗朗诵配乐

通常情况下背景音乐音量都比较大，会盖过声音素材，此时用户可以利用 Premiere 的【音频】工作模式，为背景音乐设置【回避】效果并生成关键帧，使背景音乐在有人声的时间音量变小，在没有人声的时间音量变大，达到智能调节的效果。

◀◀ 扫码看视频(本节视频课程时间：1 分 04 秒)

素材保存路径：配套素材\第 7 章\7.3.6

素材文件名称：人声 1.mp3、人声 2.mp3、舒缓.mp3

第1步 新建项目文件，双击【项目】面板空白处，打开【导入】对话框，**1.** 选择素材，**2.** 单击【打开】按钮，如图 7-41 所示。

第2步 将"人声 1"素材拖入【时间轴】面板中创建序列，再将"人声 2"素材拖入 A1 轨道中，两素材之间留有间隙，将"舒缓"素材拖入 A2 轨道，如图 7-42 所示。

图 7-41

图 7-42

第3步 选中"人声 1"和"人声 2"素材，右击素材，选择【编组】菜单项，如图 7-43 所示。

第4步 选中 A1 轨道中的素材，单击界面上方的【音频】选项卡，进入音频模式工作界面，在【基本声音】面板中单击【对话】按钮，如图 7-44 所示。

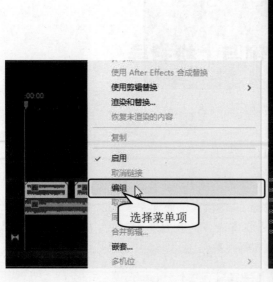

图 7-43

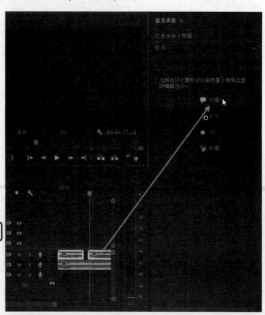

图 7-44

第5步 选中 A2 轨道中的素材，在【基本声音】面板中单击【音乐】按钮，如图 7-45 所示。

第6步 展开【音乐】选项，**1.** 勾选【回避】复选框，**2.** 设置【敏感度】【闪避量】【淡化】参数，**3.** 单击【生成关键帧】按钮，如图 7-46 所示。

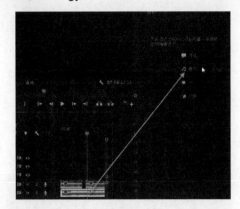

图 7-45

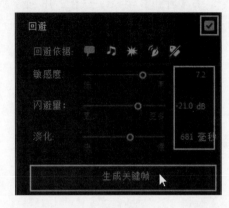

图 7-46

第7步 在【时间轴】面板中可以看到背景音乐已经添加了关键帧，通过以上步骤即可完成为诗朗诵配乐的操作如图 7-47 所示。

图 7-47

7.4　实践案例与上机指导

通过对本章内容的学习，读者基本可以掌握编辑与制作音频的基本知识以及一些常见的操作方法。下面通过实际操作，以达到巩固学习、拓展提高的目的。

7.4.1　制作大喇叭广播音效

本节将制作大喇叭广播音效，需要使用【模拟延迟】音频效果来完成，将【模拟延迟】音频效果添加给音频素材后，还需要在【效果控件】面板设置选项参数。

◀◀ 扫码看视频(本节视频课程时间：38 秒)

素材保存路径：配套素材\第 7 章\7.4.1
　　　　　　　　素材文件名称：通知.mp3

第1步 新建项目文件，双击【项目】面板空白处，打开【导入】对话框，**1.** 选择素材，**2.** 单击【打开】按钮，如图 7-48 所示。

第2步 将"通知"素材拖入【时间轴】面板中创建序列，在【效果】面板中搜索"模拟延迟"，将搜索到的效果拖入 A1 轨道中的素材上，如图 7-49 所示。

图 7-48

图 7-49

第3步 在【效果控件】面板中单击【模拟延迟】选项下的【编辑】按钮，如图 7-50 所示。

第4步 打开【剪辑效果编辑器-模拟延迟】对话框，**1.** 在【预设】列表框中选择【公共地址】选项，**2.** 单击【关闭】按钮关闭对话框，即可完成制作大喇叭广播音频效果的操作，如图 7-51 所示。

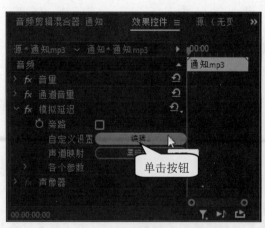

图 7-50

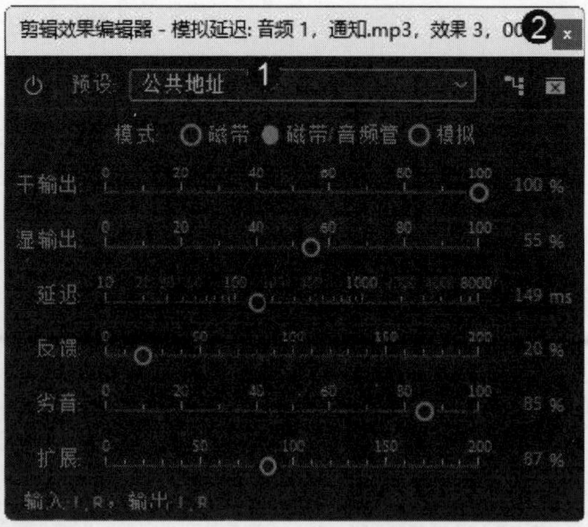

图 7-51

7.4.2 制作左右声道不同音乐效果

旋律相同的歌曲，会有不同语言的版本，利用本章所学知识可以将其剪辑到同一个音频文件中，制作出左右声道不同的音乐。本节将介绍制作左右声道不同音乐效果。

◄◄ 扫码看视频(本节视频课程时间：1 分 19 秒)

 素材保存路径：配套素材\第 7 章\7.4.2
素材文件名称：日不落 1.mp3、日不落 2.mp3

第 1 步 新建项目文件，双击【项目】面板空白处，打开【导入】对话框，*1.* 选择素材，*2.* 单击【打开】按钮，如图 7-52 所示。

第 2 步 将"日不落 1"和"日不落 2"素材拖入【时间轴】面板中创建序列，单击音频轨道头的空白处，展开两条音频轨道，如图 7-53 所示。

图 7-52

图 7-53

第 3 步 将时间指示器移至 25 秒 6 帧处，使用剃刀工具裁剪 A1 轨道中的音频，删除 A1 轨道中的第 1 段音频；将时间指示器移至 17 秒 15 帧处，使用剃刀工具裁剪 A2 轨道中的音频，删除 A2 轨道中的第 1 段音频，将两个音频素材移至开头处，效果如图 7-54 所示。

图 7-54

第 4 步 将时间指示器移至 14 秒 6 帧处，使用剃刀工具分别裁剪两个音频，分别删除第 2 段音频，如图 7-55 所示。

第 5 步 选中两个音频并右击，在弹出的快捷菜单中选择【音频声道】菜单项，如图 7-56 所示。

图 7-55　　　　　　　　　　　　　　　　图 7-56

第 6 步 打开【修改剪辑】对话框，**1.** 剪辑 1 只勾选 L 复选框，**2.** 剪辑 2 只勾选 R 复选框，**3.** 单击【确定】按钮即可完成制作左右声道，不同音乐效果的操作，如图 7-57 所示。

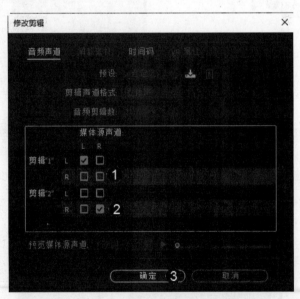

图 7-57

7.5　思考与练习

一、填空题

1. 在【项目】面板中右击音频素材，在弹出的快捷菜单中选择＿＿＿＿＿＿＿＿菜单项，即可将音频添加到时间轴上。

2. 在【时间轴】面板中单击选中音频素材，按＿＿＿＿＿＿＿键即可删除音频。

二、判断题

1. 在 Premiere 2022 中，音频素材内音频信号的声调高低称为增益。　　　　（　　）

2. 在 Premiere 2022 中，音频素材内各声道间的平衡状况被称为均衡。　　　　（　　）

三、思考题

1. 在 Premiere 2022 中如何设置音频的播放速度？

2. 在 Premiere 2022 中如何添加音频过渡效果？

新起点
电脑教程

第8章

关键帧动画

本章要点

- 认识与创建关键帧
- 编辑关键帧
- 关键帧插值

本章主要内容

　　本章主要介绍认识关键帧和编辑关键帧方面的知识与技巧，以及关键帧插值方面的知识。在本章的最后还针对实际的工作需求，讲解了制作电影片头关键帧动画和城市夜景关键帧动画的方法。通过对本章内容的学习，读者可以掌握关键帧动画方面的知识，为深入学习 Premiere 2022 知识奠定基础。

8.1　认识与创建关键帧

Premiere 中的运动效果大部分都是靠关键帧动画实现的，运动效果是指在原有视频画面的基础上，通过后期制作与合成技术对画面进行的移动、变形和缩放等效果。由于 Premiere 拥有强大的运动效果生成功能，因此用户只需在 Premiere 中进行少量的关键帧设置，即可使静态的素材画面产生运动效果，为视频画面添加丰富的视觉变化效果。本节将详细介绍关键帧动画方面的知识。

8.1.1　什么是关键帧

关键帧动画主要是通过为素材的不同时刻设置不同的属性，使时间推进的这个过程产生变换效果。

影片由一张张连续的图像组成，每一张图像代表一帧。帧是动画中最小单位的单幅影像画面，相当于电影胶片上的每一格镜头，在动画软件的时间轴上，帧表现为一格或一个标记。在影片编辑处理中，PAL 制式每秒为 25 帧，NTSC 制式每秒为 30 帧，"关键帧"是指动画上关键的时刻，任何动画要表现运动或变化，至少前后要给出两个不同状态的关键帧，中间状态的变化和衔接，是由计算机自动创建完成的，称为过渡帧或中间帧。

8.1.2　创建和移动关键帧

Premiere 2022 中的关键帧可以帮助用户控制视频或音频效果中的参数变化，并将效果的渐变过程附加在过渡帧中，从而形成个性化的节目内容。在 Premiere 2022 中的【时间轴】和【效果控件】面板中都可以为素材创建关键帧，下面将分别进行介绍。

1. 在【时间轴】面板中添加关键帧

第 1 步 将素材文件拖曳到时间轴上，双击素材所在轨道头的空白处，将素材所在轨道变宽，然后单击【钢笔工具】按钮在音频素材上单击添加锚点，创建一个关键帧，如图 8-1 所示。

图 8-1

第 2 步 此时【添加/移除关键帧】按钮被激活，将时间指示器移至下一位置，单击【添加/移除关键帧】按钮 ◎ 即可为素材添加第 2 个关键帧，如图 8-2 所示。

图 8-2

2. 在【效果控件】面板中添加关键帧

通过【效果控件】面板，不仅可以为影片剪辑添加或删除关键帧，还可以通过对关键帧各项参数的设置，实现素材的自定义运动效果。

第 1 步　在【时间轴】面板中选择素材后，打开【效果控件】面板，此时需要在某一视频效果栏中单击属性选项左侧的【切换动画】按钮 ◎ ，即可开启该属性的【切换动画】选项。同时，Premiere 会在当前时间指示器所在位置为之前所选的视频效果属性添加关键帧，如图 8-3 所示。

第 2 步　已开启【切换动画】选项的属性栏，【添加/移除关键帧】按钮 ◎ 被激活。如果要添加新的关键帧，只需移动当前时间指示器的位置，然后单击【添加/移除关键帧】按钮 ◎ 即可为素材添加第 2 个关键帧，然后可以更改选项参数，如图 8-4 所示。

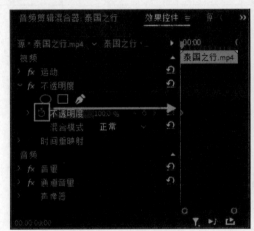

图 8-3

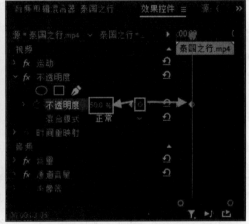

图 8-4

知识精讲

当视频效果的某一属性栏中包含多个关键帧时，单击【添加/移除关键帧】按钮两侧的【转到上一关键帧】按钮或【转到下一关键帧】按钮，即可在多个关键帧之间进行切换。

在【时间轴】面板中使用选择工具单击并拖动关键帧即可移动关键帧的位置，如图 8-5 所示；在【效果控件】面板中单击并拖动关键帧即可移动关键帧的位置，如图 8-6 所示。

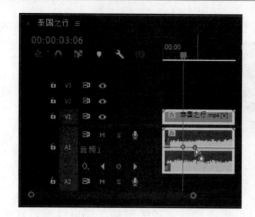

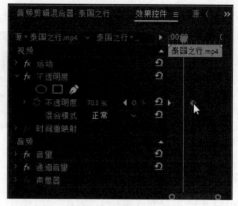

图 8-5　　　　　　　　　　　　　　　　　　　图 8-6

8.1.3　课堂范例——制作调色过渡关键帧动画

　　　　本节范例将为视频制作调色过渡关键帧动画，主要使用到的知识点有新建项目文件，导入素材，创建序列，复制素材，为视频添加【黑白】效果，为视频添加【线性擦除】效果，创建关键帧动画。

◀◀ 扫码看视频(本节视频课程时间：1 分)

　素材保存路径：配套素材\第 8 章\8.1.3

　素材文件名称：云.mp4

第 1 步　新建项目文件，双击【项目】面板空白处，打开【导入】对话框，**1.** 选中准备导入的素材，**2.** 单击【打开】按钮，如图 8-7 所示。

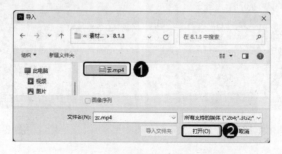

图 8-7

　　第 2 步　素材导入到【项目】面板中，将其拖入【时间轴】面板中创建序列，按住 Alt 键单击并拖动 V1 轨道中的素材至 V2 轨道，复制出一个素材，如图 8-8 所示。

　　第 3 步　在【效果】面板中搜索"黑白"，将搜索到的效果添加到 V2 轨道中的素材上，如图 8-9 所示。

　　第 4 步　在【效果】面板中搜索"线性"，将搜索到的【线性擦除】效果添加到 V2 轨道中的素材上，如图 8-10 所示。

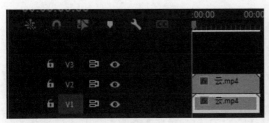
图 8-8

图 8-9

第 5 步 将时间指示器移至 1 秒 20 帧处，在【效果控件】面板中单击【过渡完成】选项左侧的【切换动画】按钮，创建第 1 个关键帧，如图 8-11 所示。

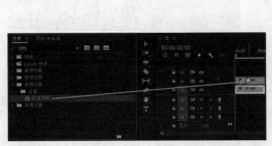
图 8-10

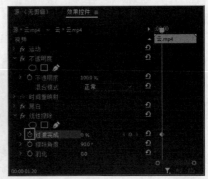
图 8-11

第 6 步 将时间指示器移至 3 秒 20 帧处，设置【过渡完成】选项参数为 100%，创建第 2 个关键帧，如图 8-12 所示。

图 8-12

8.2 编辑关键帧

本节主要介绍编辑关键帧的相关知识，包括复制关键帧、删除关键帧以及更改素材不透明度等内容。

8.2.1 复制关键帧

在创建运动效果的过程中，如果多个素材中的关键帧具有相同的参数，则可以利用复制和粘贴关键帧的功能来提高操作效率。

第 1 步 右击准备复制的关键帧，在弹出的快捷菜单中选择【复制】菜单项，如图 8-13所示。

第 2 步 移动当前时间指示器至合适位置后，右击【效果控件】面板的轨道区域，在弹出的快捷菜单中选择【粘贴】菜单项，如图 8-14 所示。

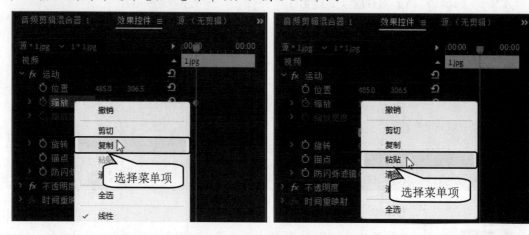

图 8-13   图 8-14

第 3 步 即可在当前位置创建一个与之前对象完全相同的关键帧，如图 8-15 所示。

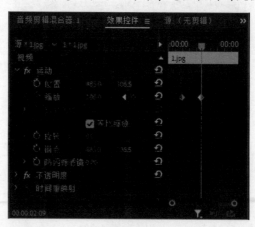

图 8-15

8.2.2 删除关键帧

右击准备删除的关键帧，在弹出的快捷菜单中选择【清除】菜单项，即可删除关键帧，如图 8-16 和图 8-17 所示。

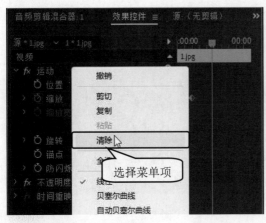

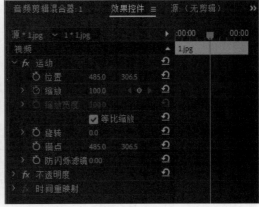

图 8-16　　　　　　　　　　　　　　　　　　图 8-17

智慧锦囊

　　右击【效果控件】面板的轨道区域，在弹出的快捷菜单中选择【清除所有关键帧】
命令，Premiere 2022 将移除当前素材中的所有关键帧。

8.2.3　创建素材不透明度关键帧动画

　　制作影片时，降低素材的不透明度可以使素材画面呈现半透明效果，从而利于各素材
之间的混合处理。

　　第 1 步　在【效果控件】面板中的开始处单击【不透明度】选项左侧的【切换动画】
按钮，创建关键帧，更改【不透明度】选项参数，如图 8-18 所示。

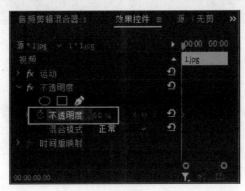

图 8-18

　　第 2 步　移动当前时间指示器至 1 秒 5 帧处，继续更改【不透明度】选项参数，添加
第 2 个关键帧，如图 8-19 所示。

　　第 3 步　移动当前时间指示器至 2 秒 9 帧处，继续更改【不透明度】选项参数，添加
第 3 个关键帧，如图 8-20 所示。

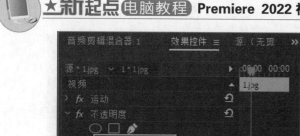

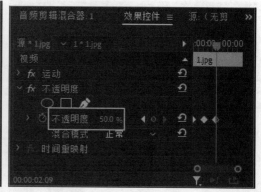

图 8-19   图 8-20

第4步 移动当前时间指示器至 3 秒 10 帧处，继续更改【不透明度】选项参数，添加第 4 个关键帧，如图 8-21 所示。

第5步 移动当前时间指示器至 4 秒 8 帧处，继续更改【不透明度】选项参数，添加第 5 个关键帧，如图 8-22 所示。

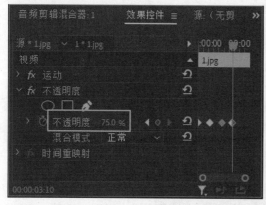

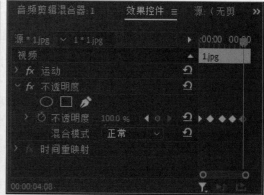

图 8-21   图 8-22

8.2.4 课堂范例——制作位置关键帧动画

本范例制作位置关键帧动画，主要使用的知识点有导入素材文件，创建序列，在【效果控件】面板中为【位置】选项创建关键帧动画，复制关键帧动画粘贴到其他素材中。

◀◀ 扫码看视频(本节视频课程时间：1 分 17 秒)

 素材保存路径：配套素材\第 8 章\8.2.4

素材文件名称：1~4.jpg

第1步 新建项目文件，双击【项目】面板空白处，打开【导入】对话框，**1.** 选中准备导入的素材，**2.** 单击【打开】按钮，如图 8-23 所示。

第 2 步　素材导入【项目】面板后，将其拖入【时间轴】面板中创建序列，如图 8-24 所示。

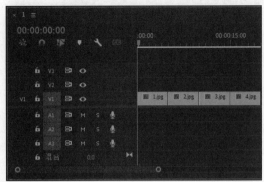

图 8-23　　　　　　　　　　　　　　　　　　图 8-24

第 3 步　在【时间轴】面板中选中素材 "1"，在【效果控件】面板中的素材开始处单击【位置】选项左侧的【切换动画】按钮，更改选项参数，创建第 1 个关键帧，如图 8-25 所示。

第 4 步　移动当前时间指示器至 1 秒处，继续更改【位置】选项参数，添加第 2 个关键帧，如图 8-26 所示。

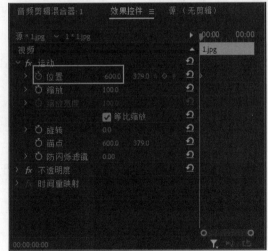

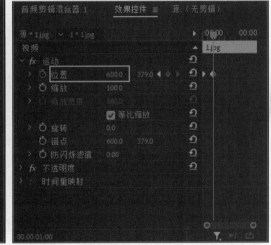

图 8-25　　　　　　　　　　　　　　　　　　图 8-26

第 5 步　选中两个关键帧并右击，在弹出的快捷菜单中选择【复制】菜单项，如图 8-27 所示。

第 6 步　在【时间轴】面板中选中素材 "2"，右击【效果控件】面板中的空白处，在弹出的快捷菜单中选择【粘贴】菜单项，如图 8-28 所示。

第 7 步　使用相同方法为素材 "3" 和 "4" 复制粘贴关键帧，在【节目】面板查看动画效果，如图 8-29 所示。

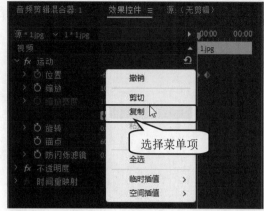

图 8-27

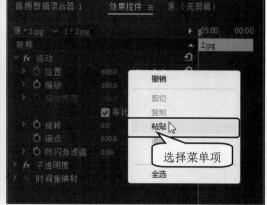

图 8-28

图 8-29

8.3 关键帧插值

插值是指在两个已知值之间填充未知数据的过程。在 Premiere 2022 中，关键帧插值可以控制关键帧的速度变化状态，主要分为"临时插值"和"空间插值"两种。本节将详细介绍关键帧差值方面的知识。

8.3.1 临时插值

一般情况下，系统默认使用线性插值法，若想要更改插值类型，可右击关键帧，在弹出的快捷菜单中进行类型更改，如图 8-30 所示。

临时插值可以控制关键帧在时间轴上的速度变化状态。【临时插值】快捷菜单如图 8-31 所示，下面对快捷菜单中的各个菜单项进行具体介绍。

1. 线性

"线性"插值可以创建关键帧之间的匀速变化。首先在【效果控件】面板中针对某一属性添加两个或两个以上的关键帧，然后右击添加的关键帧，在弹出的快捷菜单中执行【临时插值】→【线性】命令，拖动时间指示器，当时间指示器与关键帧位置重合时，该关键帧由灰色变为蓝色，此时的动画效果更为匀速平缓，如图 8-32 所示。

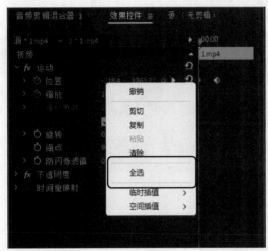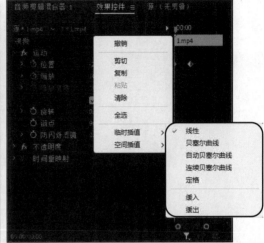

图 8-30　　　　　　　　　　　　　　　　　　图 8-31

2. 贝塞尔曲线

"贝塞尔曲线" 插值可以在关键帧的任意一侧手动调整图表的形状和变化速率。在快捷菜单中执行【临时插值】→【贝塞尔曲线】命令，拖动时间指示器，当时间指示器与关键帧位置重合时，该关键帧状态变为■，如图 8-33 所示。并且可在【节目】监视器面板中通过拖动曲线控制柄来调节曲线两侧，从而改变动画的运动速度。在调节过程中，单独调节其中一个控制柄，同时另一个控制柄不发生变化，如图 8-34 所示。

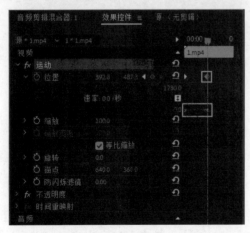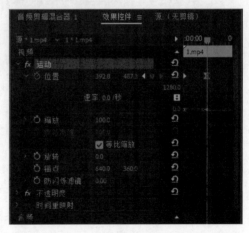

图 8-32　　　　　　　　　　　　　　　　　　图 8-33

3. 自动贝塞尔曲线

"自动贝塞尔曲线"插值可以调整关键帧的平滑变化速率。在快捷菜单中执行【临时插值】→【自动贝塞尔曲线】命令，拖动时间指示器，当时间指示器与关键帧位置重合时，该关键帧样式为■，如图 8-35 所示。在曲线节点的两侧会出现两个没有控制线的控制点，拖动控制点可将自动曲线转换为弯曲的贝塞尔曲线状态。

图 8-34

4. 连续贝塞尔曲线

在快捷菜单中执行【临时插值】→【连续贝塞尔曲线】命令，拖动时间指示器，当时间指示器与关键帧位置重合时，该关键帧样式为 ，如图 8-36 所示。双击【节目】监视器面板中的画面，此时会出现两个控制柄，通过拖动控制柄来改变两侧的曲线弯曲程度，从而改变动画效果。

图 8-35

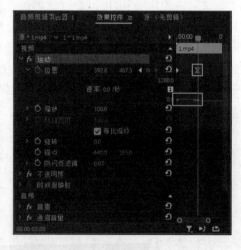

图 8-36

5. 定格

"定格"插值可以更改属性值且不产生渐变过渡。在快捷菜单中执行【临时插值】→【定格】命令，拖动时间指示器，当时间指示器与关键帧位置重合时，该关键帧样式为 ，如图 8-37 所示。两个速率曲线节点将根据节点的运动状态自动调节速率曲线的弯曲程度。当动画播放到该关键帧时，将出现保持前一关键帧画面的效果。

6. 缓入

"缓入"插值可以减慢进入关键帧的值变化。在快捷菜单中执行【临时插值】→【缓入】命令，拖动时间指示器，当时间指示器与关键帧位置重合时，该关键帧样式变为 ，速率曲线节点前面将变成缓入的曲线效果，如图 8-38 所示。当拖动时间线播放动画时，动画在进入该关键帧时速度逐渐减缓，消除因速度波动大而产生的画面不稳定感。

 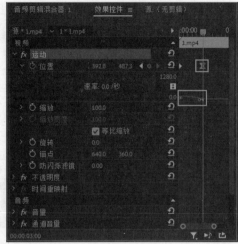

图 8-37   图 8-38

7. 缓出

"缓出"插值可以逐渐加快离开关键帧的值变化。在快捷菜单中执行【临时插值】→【缓出】命令，拖动时间指示器，当时间指示器与关键帧位置重合时，该关键帧样式为 ，速率曲线节点后面将变成缓出的曲线效果，如图 8-39 所示。当播放动画时，可以使动画在离开该关键帧时速率减缓，同样可消除因速度波动大而产生的画面不稳定感，与缓入是相同的道理。

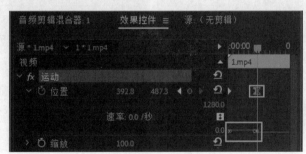

图 8-39

8.3.2 空间插值

"空间插值"可以设置关键帧的过渡效果，如转折强烈的线性方式、过渡柔和的贝塞尔曲线方式等，如图 8-40 所示。下面对快捷菜单中的各个选项进行具体介绍。

1. 线性

首先在【效果控件】面板中针对某一属性添加两个或两个以上的关键帧，然后右击添加的关键帧，在弹出的快捷菜单中执行【空间插值】→【线性】命令，拖动时间指示器，当时间指示器与关键帧位置重合时，该关键帧由灰色变为蓝色，播放动画时会产生位置突变的效果，如图 8-41 所示。

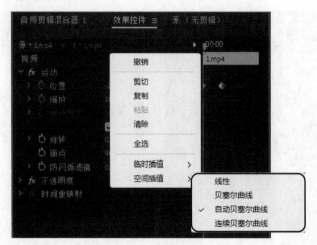

图 8-40

2. 贝塞尔曲线

在快捷菜单中执行【空间插值】→【贝塞尔曲线】命令，拖动时间指示器，当时间指示器与关键帧位置重合时，该关键帧由灰色变为蓝色，如图 8-42 所示。

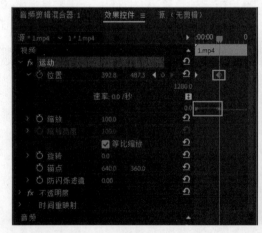 

图 8-41   图 8-42

3. 自动贝塞尔曲线

"自动贝塞尔曲线"插值可以调整关键帧的平滑变化速率。在快捷菜单中执行【空间插值】→【自动贝塞尔曲线】命令，拖动时间指示器，当时间指示器与关键帧位置重合时，该关键帧由灰色变为蓝色，如图 8-43 所示。

4. 连续贝塞尔曲线

在快捷菜单中执行【空间插值】→【连续贝塞尔曲线】命令，拖动时间指示器，当时间指示器与关键帧位置重合时，该关键帧由灰色变为蓝色，如图 8-44 所示。

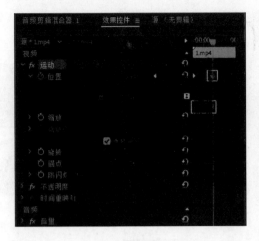

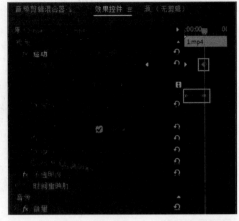

图 8-43　　　　　　　　　　　　　图 8-44

8.4　实践案例与上机指导

通过对本章内容的学习，读者基本可以掌握关键帧动画的基本知识以及一些常见的操作方法。下面通过实际操作，以达到巩固学习、拓展提高的目的。

8.4.1　电影片头关键帧动画

本节将制作电影片头关键帧动画，需要使用的知识点有导入素材，创建序列，设置素材缩放为帧大小，设置素材持续时间，为素材添加【缩放】和【不透明度】关键帧动画，复制关键帧动画到其他素材，添加音频，为音频设置淡出效果。

◀◀ 扫码看视频(本节视频课程时间：2 分 07 秒)

素材保存路径：配套素材\第 8 章\8.4.1
素材文件名称：1 ~ 15.jpg

第 1 步　新建项目文件，双击【项目】面板空白处，打开【导入】对话框，*1.* 选中准备导入的素材，*2.* 单击【打开】按钮，如图 8-45 所示。

第 2 步　素材导入【项目】面板中，并按照 1~15 的顺序将素材拖入【时间轴】面板中创建序列，选中 2~15 素材右击，在弹出的快捷菜单中选择【缩放为帧大小】菜单项，如图 8-46 所示。

第 3 步　选中所有素材右击，在弹出的快捷菜单中选择【速度/持续时间】菜单项，如图 8-47 所示。

第 4 步　打开【剪辑速度/持续时间】对话框，*1.* 设置持续时间为 10 帧，*2.* 勾选【波纹编辑，移动尾部剪辑】复选框，*3.* 单击【确定】按钮，如图 8-48 所示。

图 8-45

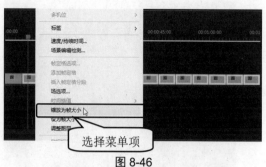

图 8-46

图 8-47

图 8-48

第5步 在【时间轴】面板中选中素材 "1"，将时间指示器移至开头处，在【效果控件】面板中单击【缩放】和【不透明度】选项左侧的【切换动画】按钮 ，设置【不透明度】选项参数，创建关键帧，如图 8-49 所示。

第6步 将时间指示器移至 5 帧处，继续设置【不透明度】选项参数，创建关键帧，如图 8-50 所示。

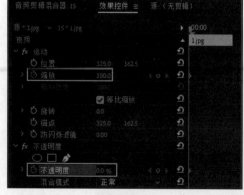

图 8-49

图 8-50

第7步　将时间指示器移至 10 帧处，继续设置【缩放】和【不透明度】选项参数，创建关键帧，如图 8-51 所示。

第8步　右击素材 "1"，在弹出的快捷菜单中选择【复制】菜单项，如图 8-52 所示。

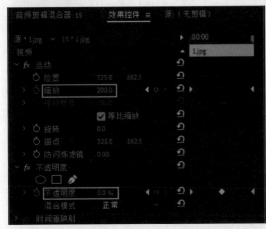

图 8-51

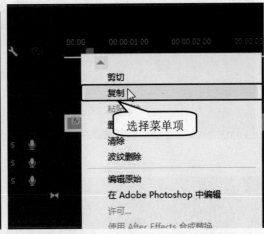

图 8-52

第9步　选中 2~15 素材并右击，在弹出的快捷菜单中选择【粘贴属性】菜单项，如图 8-53 所示。

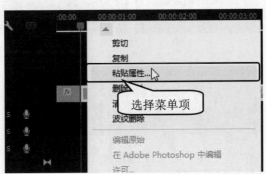

图 8-53

第10步　打开【粘贴属性】对话框，**1.** 勾选【运动】和【不透明度】复选框，**2.** 单击【确定】按钮，如图 8-54 所示。

第11步　选中 8~15 素材，将其移至 V2 轨道中，开头设置在 5 帧处，导入 "000" 素材，将其拖入【时间轴】面板的 A1 轨道中，裁剪音频素材前面的静音部分，如图 8-55 所示。

第12步　在视频素材结束处裁剪音频素材并删除后半部分，如图 8-56 所示。

第13步　使用钢笔工具在 3 秒处为音频添加锚点，如图 8-57 所示。

第14步　在结尾处再添加一个锚点，使用选择工具移动结尾处锚点的位置至最低点，制作淡出效果，如图 8-58 所示。

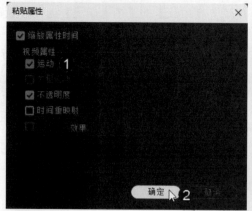

图 8-54

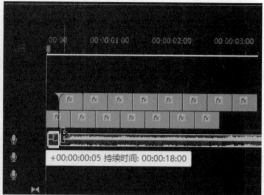

图 8-55

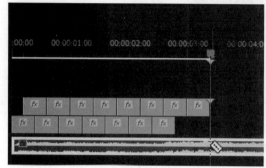

图 8-56

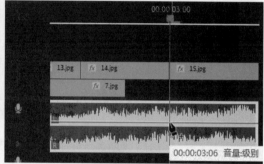

图 8-57

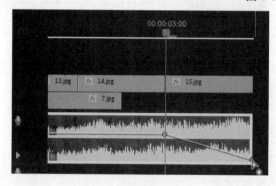

图 8-58

8.4.2 城市夜景关键帧动画

本节将制作城市夜景关键帧动画，需要使用的知识点有导入素材，创建序列，设置素材缩放为帧大小，设置素材持续时间，为素材添加【缩放】和【不透明度】关键帧动画。

◄◄ 扫码看视频(本节视频课程时间： 52 秒)

素材保存路径：配套素材\第 8 章\8.4.2
素材文件名称：城市夜景.mp4

第 1 步　新建项目文件，双击【项目】面板空白处，打开【导入】对话框，**1.** 选中准备导入的素材，**2.** 单击【打开】按钮，如图 8-59 所示。

第 2 步　素材导入【项目】面板中，将其拖入【时间轴】面板中创建序列，选中素材，将时间指示器移至开头处，在【效果控件】面板中单击【缩放】选项左侧的【切换动画】按钮 ，创建关键帧，如图 8-60 所示。

图 8-59

图 8-60

第 3 步　将时间指示器移至 2 秒处，设置【缩放】选项参数，如图 8-61 所示。

第 4 步　将时间指示器移至 3 秒处，设置【缩放】选项参数为 100，选中所有关键帧，右击，在弹出的快捷菜单中选择【缓入】菜单项，如图 8-62 所示。

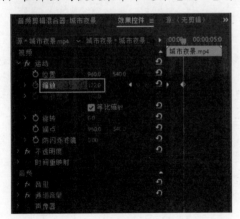

图 8-61

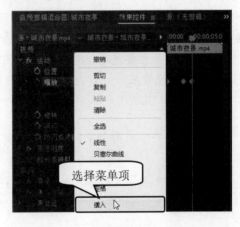

图 8-62

第 5 步　选中所有关键帧并右击，在弹出的快捷菜单中选择【缓出】菜单项，如图 8-63 所示。

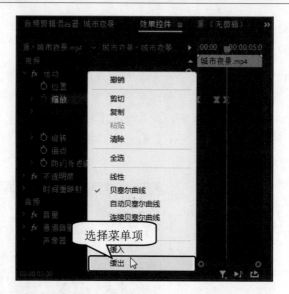

图 8-63

8.5　思考与练习

一、填空题

1. 在 Premiere 2022 中，用关键帧插值可以控制关键帧的速度变化状态，主要分为"临时插值"和＿＿＿＿＿＿两种。

2. 关键帧动画主要是通过为素材的不同时刻设置不同的＿＿＿＿＿＿，使时间推进的这个过程产生变换效果。

二、判断题

1. 至少前后要给出两个不同状态的关键帧，而中间状态的变化和衔接，由计算机自动创建完成。　　　　　　　　　　　　　　　　　　　　　　　　　　（　　）

2. 在 Premiere 2022 中，用户只能在【效果控件】面板中为素材创建关键帧。　（　　）

三、思考题

1. 在 Premiere 2022 中如何复制关键帧？
2. 在 Premiere 2022 中如何删除关键帧？

新起点
电脑教程

第 9 章

添加与应用视频效果

本章要点

- 认识视频效果
- 常用的视频效果

本章主要内容

本章主要介绍认识视频效果和常用的视频效果方面的知识与技巧，在本章的最后还针对实际的工作需求，讲解了制作动作残影效果和朦胧夜景效果的方法。通过对本章内容的学习，读者可以掌握添加与应用视频效果方面的知识，为深入学习 Premiere 2022 知识奠定基础。

9.1 认识视频效果

随着影视节目的制作迈入数字时代，即使是刚刚学习非线性编辑的初学者，也能够在 Premiere 2022 的帮助下快速完成多种视频效果的应用，Premiere 系统自带了许多视频特效，可以制作出丰富的视觉效果。本节将介绍视频效果的基本操作方法。

9.1.1 添加与删除视频效果

Premiere 2022 为用户提供了非常多的视频效果，所有效果按照类别被放置在【效果】面板【视频效果】文件夹下的子文件夹中，如图 9-1 所示，方便用户查找。

图 9-1

为素材添加视频效果的方法主要有两种：一种是利用【时间轴】面板添加，另一种则是利用【效果控件】面板添加。

(1) 通过【时间轴】面板添加。

通过【时间轴】面板为视频素材添加视频效果时，只需在【视频效果】文件夹内选择所要添加的视频效果，然后将其拖曳至视频轨道中的相应素材上即可，如图 9-2 所示。

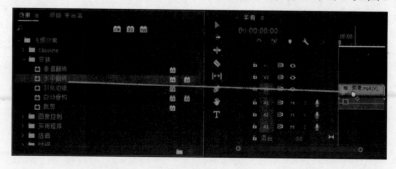

图 9-2

(2) 通过【效果控件】面板添加。

使用【效果控件】面板为素材添加视频效果，是最为直观的一种添加方式，即使用户为同一段素材添加了多种视频效果，也可以在【效果控件】面板内一目了然地查看效果。

要利用【效果控件】面板添加视频效果，只需在【时间轴】面板中选择素材后，从【效果】面板中单击并拖动视频效果至【效果控件】面板中即可，如图 9-3 所示。

如果想要删除添加的视频效果，可以在【效果控件】面板中右击视频效果名称，在弹出的快捷菜单中选择【清除】菜单项，即可删除该效果，如图 9-4 所示。

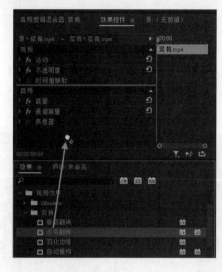

图 9-3

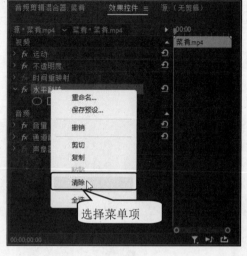

图 9-4

9.1.2　设置视频效果参数

在【效果控件】面板内单击视频效果前的【折叠/展开】按钮，即可显示该效果所具有的全部参数，如图 9-5 所示。如果要调整某个属性参数的数值，只需单击参数后的数值，使其进入编辑状态，输入具体数值即可，如图 9-6 所示。

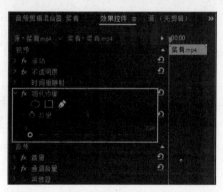

图 9-5

图 9-6

知识精讲

将鼠标指针放置在属性参数值的位置上，当鼠标指针变成形状时，拖曳鼠标可以修改参数值。

9.1.3 复制视频效果

有时需要为多个素材添加相同的视频效果，一个个添加比较费时费力，用户可以使用复制粘贴功能来为多个素材添加相同的视频效果。

第1步 右击视频效果名称，在弹出的快捷菜单中选择【复制】菜单项，如图 9-7所示。

第2步 在【时间轴】面板中选中准备粘贴视频效果的素材，右击【效果控件】面板的空白处，在弹出的快捷菜单中选择【粘贴】菜单项即可完成复制视频效果的操作，如图 9-8 所示。

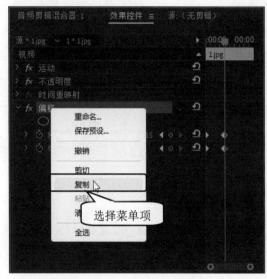

图 9-7

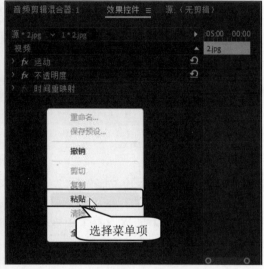

图 9-8

9.1.4 课堂范例——为素材添加垂直翻转效果

本范例将介绍为素材添加垂直翻转效果的方法，主要使用到的知识点有复制素材，为素材添加【垂直翻转】视频效果，更改【位置】选项参数，为素材添加不透明度蒙版，调整蒙版位置和大小。

◀◀ 扫码看视频(本节视频课程时间：44 秒)

 素材保存路径：配套素材\第 9 章\9.1.4
素材文件名称：9.1.4.prproj

第1步 打开项目素材文件，按住 Alt 键单击并拖动"1"素材至 V2 轨道，复制素材，如图 9-9 所示。

第2步 在【效果】面板的搜索框中输入"垂直"，将搜索到的【垂直翻转】效果拖到 V2 轨道的素材上，如图 9-10 所示。

图 9-9　　　　　　　　　　　　　　　　　　图 9-10

第 3 步　在【时间轴】面板中选中 V2 轨道中的素材，在【效果控件】面板中更改【位置】选项参数，在【不透明度】选项下单击【创建 4 点多边形蒙版】按钮，创建蒙版并调整蒙版大小和位置，如图 9-11 所示。

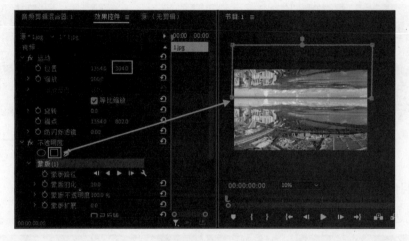

图 9-11

9.2　常用的视频效果

Premiere 2022 中内置了许多视频效果，在【视频效果】效果组中还包括其他一些效果组，比如过渡效果组、时间效果组、透视效果组、键控效果组、生成效果组以及视频效果组等。本节将详细介绍一些常用视频效果的相关知识。

9.2.1　视频变换效果

【变换】类视频效果可使视频素材的形状产生二维或者三维的变化。该类视频效果有【垂直翻转】【水平翻转】【羽化边缘】【自动重构】【裁剪】共 5 种视频效果。

1．【垂直翻转】和【水平翻转】视频效果

【垂直翻转】视频效果的作用是让影片剪辑的画面呈现一种倒置的效果，如图 9-12 所示。

图 9-12

　　【水平翻转】视频效果与【垂直翻转】视频效果相反，可以让影片在水平方向上进行镜像翻转，如图 9-13 所示。

图 9-13

2. 【羽化边缘】视频效果

　　【羽化边缘】视频效果用于在画面周围产生像素羽化的效果，如图 9-14 所示。

图 9-14

3. 【自动重构】视频效果

　　【自动重构】视频效果用于重构画面的中心位置、显示比例等内容，如图 9-15 所示就是为素材添加【自动重构】效果并添加了关键帧的效果。

4. 【裁剪】视频效果

　　【裁剪】视频效果的作用是对画面进行切割，该视频效果的参数如图 9-16 所示。其中，【左侧】【顶部】【右侧】【底部】这 4 个选项分别用于控制屏幕画面在左、上、右、下这 4 个方向上的切割比例，而【缩放】选项用于控制是否将切割后的画面填充至整个屏幕。

图 9-15

图 9-16

9.2.2 视频扭曲效果

应用【扭曲】类视频效果，能够使素材画面产生多种不同的变形效果。【扭曲】类视频效果包括【偏移】【变换】【放大】【旋转扭曲】【波形变形】【球面化】等。本节将重点介绍几个【扭曲】类视频效果。

1.【偏移】视频效果

当素材画面的尺寸大于屏幕尺寸时，使用【偏移】视频效果能够产生虚影效果，如图 9-17 所示。

图 9-17

2.【变换】视频效果

【变换】视频效果能够为用户提供一种类似于照相机拍照时的效果，通过调整【锚点】【缩放高度】【缩放宽度】等参数，用户可以对屏幕画面的摆放位置、照相机位置和拍摄参数等多项内容进行设置，如图 9-18 所示。

3.【放大】视频效果

利用【放大】视频效果可以放大显示素材画面中的指定位置，从而模拟人们使用放大镜观察物体的效果，如图 9-19 所示。

图 9-18

图 9-19

4. 【波形变形】视频效果

【波形变形】视频效果的作用是根据用户给出的参数在一定范围内制作弯曲的波浪效果，如图 9-20 所示。

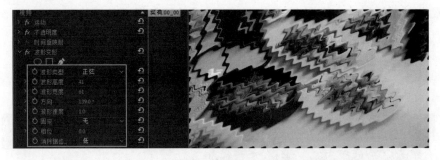

图 9-20

9.2.3 模糊与锐化效果

【模糊与锐化】类视频效果有些能够使素材画面变得更加朦胧，而有些则能够使画面变得更为清晰。【模糊与锐化】类视频效果包含了多种不同的效果，下面将对其中几种比较常用的效果进行讲解。

1. 【方向模糊】视频效果

【方向模糊】视频效果能够使画面向指定方向进行模糊处理，使画面产生动态效果。其相关参数设置及效果如图 9-21 所示。

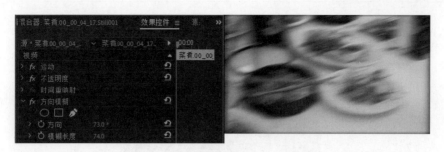

图 9-21

2.【锐化】视频效果

【锐化】视频效果的作用是增加相邻像素的对比度，从而达到提高画面清晰度的目的。其相关参数设置及效果如图 9-22 所示。

图 9-22

3.【高斯模糊】视频效果

【高斯模糊】视频效果能够利用高斯运算法生成模糊效果，使画面中部分区域变现效果更为细腻。其相关参数设置及效果如图 9-23 所示。

图 9-23

9.2.4　杂色与颗粒效果

【杂色与颗粒】类视频效果主要用于对图像进行柔和处理，去除图像中的噪点，或在图像上添加杂色效果，如图 9-24 所示。

图 9-24

【杂色】视频效果用于在画面上添加模拟的噪点效果；【杂色】视频效果  则是【杂色】视频效果的加速版。两个视频效果的参数控件完全相同，如图 9-25 所示。

图 9-25

9.2.5 风格化效果

【风格化】文件夹一共为用户提供了 9 种不同样式的视频效果，其共同特点都是通过移动和置换图像像素，以及提高图像对比度的方式来产生各种各样的特殊效果。下面介绍几种常用的风格化视频效果。

1. 【查找边缘】视频效果

【查找边缘】视频效果能够通过强化过渡像素来形成彩色线条，从而产生铅笔勾画的特殊画面效果，如图 9-26 所示。

图 9-26

2. 【彩色浮雕】视频效果

为素材应用【彩色浮雕】视频效果后，屏幕画面中的内容将产生一种石材雕刻后的单色浮雕效果，如图 9-27 所示。

图 9-27

3. 【粗糙边缘】视频效果

【粗糙边缘】视频效果能够让素材的画面边缘呈现出一种粗糙化形式，其效果类似于腐蚀而成的纹理或溶解效果，如图 9-28 所示。

图 9-28

4. 【马赛克】视频效果

【马赛克】视频效果用于在画面上产生马赛克效果，将画面分成若干个方格，如图 9-29 所示。

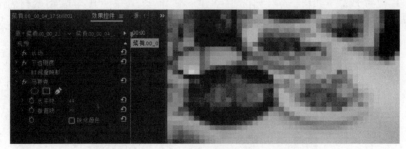

图 9-29

5. 【闪光灯】视频效果

【闪光灯】视频效果用于在素材剪辑的持续时间范围内，将指定间隔时间的帧画面上覆盖指定的颜色，从而使画面在播放过程中产生闪烁效果，如图 9-30 所示。

6. 【画笔描边】视频效果

【画笔描边】视频效果用于模拟画笔绘制的粗糙外观，得到类似油画的艺术效果，如

图 9-31 所示。

图 9-30

图 9-31

9.2.6 生成效果

【生成】效果组主要是对光和填充色的处理应用，可以使画面看起来具有光感和动感。下面将详细介绍两种常用的生成特效。

1. 【渐变】视频效果

【渐变】视频效果是指在素材画面上创建彩色渐变，并使其与原始素材融合在一起。在【效果控件】面板中，用户可对渐变的起始、结束位置，以及起始、结束色彩和渐变方式等多项内容进行再调整，如图 9-32 所示。

图 9-32

两个关键帧的图像变化如图 9-33 所示。

图 9-33

2. 【镜头光晕】视频效果

【镜头光晕】视频效果用于在图像上模拟出相机镜头拍摄的强光折射效果，其相关参数设置及效果如图 9-34 所示。

图 9-34

9.2.7　时间效果

在【时间】视频效果组中，用户可以设置画面的重影效果，以及视频播放的快慢效果，下面将详细介绍两种常用的时间特效。

1. 【残影】视频效果

【残影】视频效果能够为视频画面添加重影效果，其相关参数设置及效果如图 9-35 所示。

图 9-35

2.【色调分离时间】视频效果

　　【色调分离时间】视频效果是比较常用的效果处理手段，一般用于娱乐节目和现场破案等片子当中，可以制作出具有控件停顿感的运动画面，其相关参数设置及效果如图 9-36 所示。

图 9-36

9.2.8　课堂范例——制作复古像素画效果

　　本范例将制作复古像素画效果，需要使用的知识点有为素材添加【高斯模糊】视频效果，设置【高斯模糊】选项参数，为素材添加【马赛克】视频效果，设置【马赛克】选项参数，为素材添加【块溶解】视频效果，设置【块溶解】选项参数。

◀◀ 扫码看视频(本节视频课程时间：56 秒)

　　素材保存路径：配套素材\第 9 章\9.2.8
　　素材文件名称：9.2.8.prproj

第1步 打开项目素材文件，在【节目】监视器面板中查看效果，如图 9-37 所示。
第2步 在【效果】面板的搜索框中输入"高斯"，将搜索到的【高斯模糊】效果拖到【时间轴】面板中 V2 轨道的素材上，如图 9-38 所示。

图 9-37

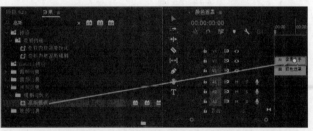

图 9-38

　　第3步 在【效果控件】面板下的【高斯模糊】选项中，设置【模糊度】选项参数，如图 9-39 所示。
　　第4步 在【效果】面板的搜索框中输入"马赛克"，将搜索到的【马赛克】效果拖到【时间轴】面板中 V2 轨道的素材上，如图 9-40 所示。

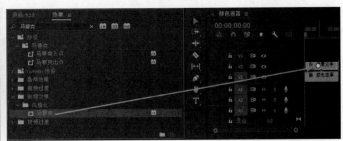

图 9-39　　　　　　　　　　　　　　　　图 9-40

第 5 步　在【效果控件】面板下的【马赛克】选项中，设置【水平块】和【垂直块】选项参数，勾选【锐化颜色】复选框，如图 9-41 所示。

第 6 步　在【效果】面板的搜索框中输入"块溶解"，将搜索到的【块溶解】效果拖到【时间轴】面板中 V2 轨道的素材上，如图 9-42 所示。

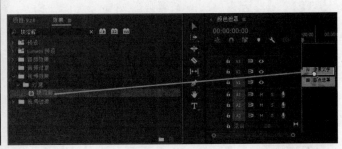

图 9-41　　　　　　　　　　　　　　　　图 9-42

第 7 步　在【效果控件】面板下的【块溶解】选项中，设置【过渡完成】【块宽度】【块高度】选项参数，取消勾选【柔化边缘(最佳品质)】复选框，如图 9-43 所示。

第 8 步　在【节目】监视器面板中查看添加的效果，如图 9-44 所示。

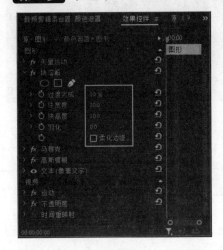

图 9-43　　　　　　　　　　　　　　　　图 9-44

9.3 实践案例与上机指导

通过对本章内容的学习，读者基本可以掌握添加与应用视频效果的基本知识以及一些常见的操作方法。下面通过实际操作，以达到巩固学习、拓展提高的目的。

9.3.1 动作残影效果

本节将制作动作残影效果，需要使用的知识点有取消音视频链接，复制视频到 V2 轨道，为 V2 轨道视频添加【残影】视频效果，设置【残影】选项参数，设置【不透明度】选项参数。

◀◀ 扫码看视频(本节视频课程时间：38 秒)

素材保存路径：配套素材\第 9 章\9.3.1
素材文件名称：9.3.1.prproj

第 1 步 打开项目素材文件，右击【时间轴】面板上的视频素材，在弹出的快捷菜单中选择【取消链接】菜单项，如图 9-45 所示。

第 2 步 音频和视频的链接已经取消，按住 Alt 键单击并拖动视频素材至 V2 轨道，复制出一个视频素材，如图 9-46 所示。

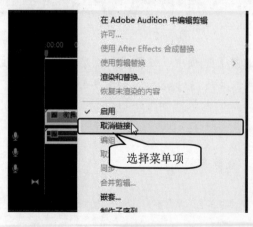

图 9-45

图 9-46

第 3 步 在【效果】面板的搜索框中输入"残影"，将搜索到的【残影】效果拖到【时间轴】面板中 V2 轨道的素材上，如图 9-47 所示。

第 4 步 在【效果控件】面板下的【残影】选项中，设置【残影时间】【残影数量】【残影运算符】选项参数，并设置【不透明度】选项参数，如图 9-48 所示。

第 5 步 在【节目】面板中查看视频效果，通过以上步骤即可完成制作动作残影效果的操作，如图 9-49 所示。

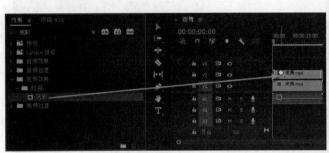

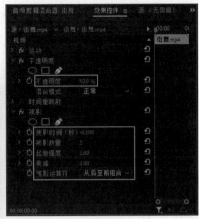

图 9-47　　　　　　　　　　　　　　　　图 9-48

图 9-49

9.3.2　朦胧夜景效果

本节将制作朦胧夜景效果，需要使用的知识点有复制视频到 V2 轨道，为 V2 轨道视频添加【高斯模糊】视频效果，设置【高斯模糊】和【不透明度】选项参数，为【不透明度】选项添加蒙版，为蒙版路径添加关键帧动画，添加音频，裁剪音频素材。

◀◀ 扫码看视频(本节视频课程时间：1 分 23 秒)

素材保存路径：配套素材\第 9 章\9.3.2
素材文件名称：9.3.2.prproj

　　第 1 步　打开项目素材文件，按住 Alt 键单击并拖动视频素材至 V2 轨道，复制出一个视频素材，在【效果】面板的搜索框中输入"高斯"，将搜索到的【高斯模糊】效果拖到【时间轴】面板中 V2 轨道的素材上，如图 9-50 所示。

　　第 2 步　在【效果控件】面板中，设置【高斯模糊】选项参数，设置【不透明度】选项下的【混合模式】为【滤色】选项，如图 9-51 所示。

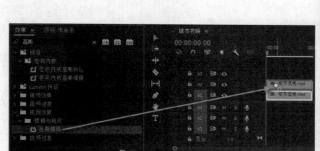

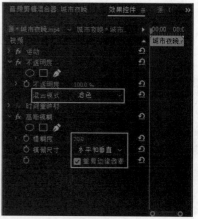

图 9-50   图 9-51

第 3 步 将时间指示器移至 13 秒 29 帧处，单击【创建 4 点多边形蒙版】按钮，在【节目】面板调整蒙版的大小和位置，单击【蒙版路径】左侧的【切换动画】按钮，创建关键帧，如图 9-52 所示。

图 9-52

第 4 步 将时间指示器移至 18 秒 22 帧处，调整蒙版的大小和位置，创建第 2 个关键帧，如图 9-53 所示。

图 9-53

第 5 步 将时间指示器移至 8 秒 7 帧处，调整蒙版的大小和位置，创建第 3 个关键帧，如图 9-54 所示。

第 6 步　双击【项目】面板空白处，导入"夏夜"音频素材，将其拖入 A1 轨道中，裁剪多余的音乐素材，使其与视频素材对齐，通过以上步骤即可完成制作朦胧夜景效果的操作，如图 9-55 所示。

图 9-54

图 9-55

9.4　思考与练习

一、填空题

1. 【变换】类视频效果有【垂直翻转】、_____、【羽化边缘】、【自动重构】和_____共 5 种视频效果。

2. 【扭曲】类视频效果包括【偏移】、【变换】、_____、_____、【波形变形】和【球面化】等。

二、判断题

1. 【水平翻转】视频效果与【垂直翻转】视频效果相同，可以让影片在水平方向上进行镜像翻转。　　　　　　　　　　　　　　　　　　　　　　　　（　　　）

2. 当素材画面的尺寸大于屏幕尺寸时，使用【偏移】视频效果能够产生虚影效果。（　　　）

三、思考题

1. 在 Premiere 2022 中如何删除视频效果？

2. 在 Premiere 2022 中如何复制视频效果？

新起点 电脑教程

第 10 章

颜色的校正与调整

本章要点

- 调节视频色彩
- 颜色校正
- 视频调整类效果

本章主要内容

本章主要介绍调节视频色彩和颜色校正方面的知识与技巧，以及视频调整类效果。在本章的最后还针对实际的工作需求，讲解制作复古电影效果和夕阳斜照效果的方法。通过对本章内容的学习，读者可以掌握颜色的校正与调整方面的知识，为深入学习 Premiere 2022 知识奠定基础。

10.1 调节视频色彩

【图像控制】类视频效果的主要功能是更改或替换素材画面内的某些颜色，从而达到突出画面内容的目的。在该效果组中，不仅包含调节画面灰度和亮度的效果，还包括改变固定颜色和整体颜色的效果。本节将详细介绍调节视频色彩方面的知识。

10.1.1 调整灰度和亮度

Premiere 2022 中的关键帧可以帮助用户控制视频或音频效果中的参数变化，并将效果的渐变过程附加在过渡帧中，从而形成个性化的节目内容。在 Premiere 2022 中的【时间轴】和【效果控件】面板中都可以为素材添加关键帧，下面将分别进行介绍。

在【效果】面板中的【视频效果】文件夹下的【图像控制】效果组中，【Gamma Correction(灰度系数校正)】效果的作用是通过调整画面的灰度级别，达到改善图像显示效果、优化图像质量的目的，如图 10-1 所示。

与其他视频效果相比，【Gamma Correction(灰度系数校正)】效果的调整参数较少，如图 10-2 所示。调整方法也较为简单，当降低【Gamma(灰度系数)】选项的取值时，将提高图像内灰度像素的亮度；当提高【Gamma(灰度系数)】选项的取值时，将降低图像内灰度像素的亮度。

图 10-1

图 10-2

如图 10-3 所示，当降低【Gamma(灰度系数)】选项的取值后，画面有一种提高环境光源亮度的效果；如图 10-4 所示，当提高【Gamma(灰度系数)】选项的取值后，画面有一种环境内的湿度加大，色彩更加鲜艳的效果。

图 10-3　　　　　　　　　　　　　　　　图 10-4

10.1.2　视频饱和度

日常生活中的视频通常为彩色的，如果想要制作出灰度效果，那么可以通过【图像控制】效果组中的【Color Pass(颜色过滤)】和【黑白】效果来实现。前者能够将视频画面逐渐转换为灰度效果，并且保留某种颜色；后者则是将画面直接变成灰度效果。

【Color Pass(颜色过滤)】效果的功能，是将指定颜色及其相近色之外的彩色区域全部变为灰度图像。默认情况下，为素材应用【Color Pass(颜色过滤)】效果后，整个素材画面会变为灰色，如图 10-5 所示。

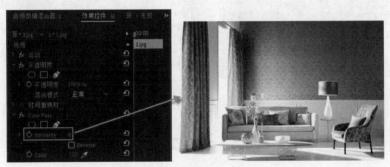

图 10-5

此时，在【效果控件】面板的【Color Pass(颜色过滤)】选项中，单击【(Color)颜色】吸管按钮，然后在【监视器】面板中单击要保留的颜色，即可去除其他部分的色彩信息，如图 10-6 所示。

图 10-6

由于【Similarity(相似性)】参数值较低，因此单独调节【颜色】选项无法满足过滤画面

色彩的需求。此时，只需要适当提高【Similarity(相似性)】参数值，即可逐渐改变保留色彩区域的范围，如图 10-7 所示。

图 10-7

【黑白】效果的作用就是将彩色画面转换为灰度效果。该效果没有任何参数，只要将该效果添加至轨道中，即可将彩色画面转换为黑白色调画面，如图 10-8 所示。

图 10-8

10.1.3　颜色替换

【Color Replace(颜色替换)】效果能够将画面中的某个颜色替换为其他颜色，而画面中的其他颜色不发生变化。要实现该效果，只需要将该效果添加至素材所在轨道，并在【效果控件】面板中分别设置【Target Color(目标颜色)】和【Replace Color(替换颜色)】选项，即可改变画面中的某个颜色，如图 10-9 所示。

图 10-9

由于【Similarity(相似性)】参数值较低，因此单独设置【Color Replace(颜色替换)】选项无法满足过滤画面色彩的需求。此时，只需要适当提高【Similarity(相似性)】参数值，即可逐渐改变保留色彩区域的范围，如图 10-10 所示。

图 10-10

智慧锦囊

在【颜色替换】效果中，可以通过勾选【Solid Colors（纯色）】复选框，将要替换颜色的区域填充为纯色效果。

10.1.4　课堂范例——应用【保留颜色】效果

【保留颜色】效果可以只保留素材中被指定的颜色，用户可以利用【保留颜色】效果保留素材中需要的颜色，本范例将详细介绍应用【保留颜色】效果的操作方法。

◀◀ 扫码看视频(本节视频课程时间：23 秒)

 素材保存路径：配套素材\第 10 章\10.1.4
素材文件名称：10.1.4.prproj

第 1 步 打开项目素材文件，可以看到已经新建了一个序列，并在【时间轴】面板中导入了一个素材，如图 10-11 所示。

第 2 步 在【效果】面板中搜索"保留颜色"，将搜索到的【保留颜色】效果拖曳到【时间轴】面板中的素材上，在【效果控件】面板中设置参数，如图 10-12 所示。

第 3 步 在【节目】监视器面板中查看效果，通过以上步骤即可完成应用【保留颜色】效果的操作，如图 10-13 所示。

图 10-11

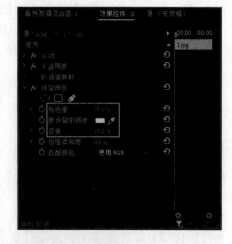

图 10-12

图 10-13

10.2 颜色校正

拍摄得到的视频，其画面会由于拍摄当天的周围情况、光照等自然因素，出现亮度不够、低饱和度或偏色等问题，颜色校正类效果可以很好地解决此类问题。本节将详细介绍调校视频颜色的相关知识及操作方法。

10.2.1 校正颜色

快速颜色校正器、亮度校正器和三向颜色校正器是专门用于校正画面偏色的效果，针对亮度、色相等问题进行校正。下面将详细介绍这 3 种颜色校正效果。

1. 快速颜色校正器

在【效果】面板中，依次展开【视频效果】→【过时】文件夹，将【快速颜色校正器】效果拖至素材所在轨道，如图 10-14 所示。

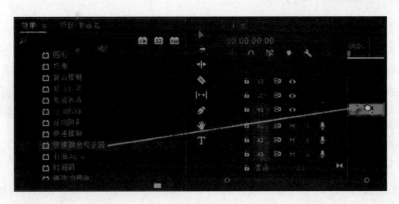

图 10-14

在【效果控件】面板中即可显示该效果的参数，如图 10-15 所示。

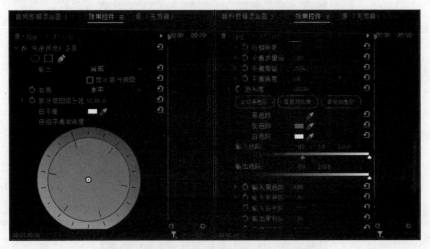

图 10-15

在【效果控件】面板中，通过设置该效果的参数，可以得到不同的效果。下面将详细介绍一些主要的参数。

➤ 【输出】下拉按钮：用于设置输出选项，其中包括合成和亮度两种类型。如果勾选【显示拆分视图】复选框，则可以设置为分屏预览效果。

➤ 【布局】下拉按钮：用于设置分屏预览布局，其中包括水平和垂直两种预览模式。

➤ 【拆分视图百分比】选项：用于设置分配比例。

➤ 【白平衡】选项：用于设置白色平衡，参数值越大，画面中的白色就越多。

➤ 【色相平衡和角度】选项：该调色盘是调整色调平衡和角度的，可以直接使用它来改变画面的色调。

➤ 【色相角度】选项：用于调整调色盘中的色相角度。

➤ 【平衡数量级】选项：用于控制引入视频的颜色强度。

➤ 【平衡增益】选项：用于设置色彩的饱和度。

➤ 【平衡角度】选项：用于设置白平衡角度。

➤ 【自动黑色阶】【自动对比度】【自动白色阶】按钮：分别用于改变素材中的黑白灰程度，也就是素材的暗调、中间调和亮调。同样可以通过设置下面的【黑色阶】【灰色阶】【白色阶】选项来自定义颜色。

➢ 【输入色阶】和【输出色阶】选项：分别用于设置图像中的输入和输出范围，可以拖动滑块改变输入和输出范围，也可以通过该选项渐变条下方的选项参数值来设置输入和输出范围。其中，滑块与选项参数值相对应，当其中一方设置后，另一方同时更改参数，例如，【输入色阶】选项中的黑色滑块对应【输入黑色阶】参数。

2. 亮度校正器

【亮度校正器】效果可以调节视频画面的明暗关系。使用前文介绍的方法将该效果拖至轨道中的素材上，在【效果控件】面板中，该效果的选项与【快速颜色校正器】效果部分相同，其中【亮度】和【对比度】选项是该效果特有的，如图10-16所示。

图 10-16

在【效果控件】面板中，向左拖动【亮度】滑块，可以降低画面亮度；向右拖动【亮度】滑块，可以提高画面亮度。而向左拖动【对比度】滑块，能够降低画面对比度；向右拖动【对比度】滑块，能够增强画面对比度。提高亮度、对比度前后的效果对比如图10-17所示。

图 10-17

3. 三向颜色校正器

【三向颜色校正器】效果通过 3 个调色盘来调节不同色相的平衡和角度，如图 10-18 所示为效果参数。

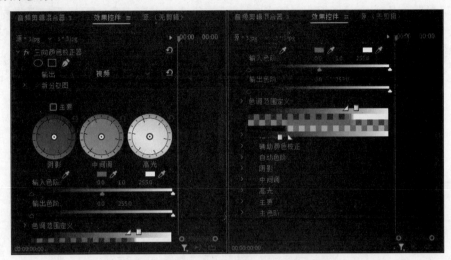

图 10-18

10.2.2　亮度调整

【亮度曲线】效果可以调整视频画面的明暗关系，能够针对 256 个色阶进行亮度或对比度调整。

【亮度曲线】效果除了用来设置视频画面的明暗关系外，还能够更加细致地进行调节。其调节方法是：在【亮度波形】方格中，单击并向上拖动曲线，能够提高画面亮度；单击并向下拖动曲线，能够降低画面亮度；如果同时调节，能够增强画面对比度，如图 10-19 所示。

图 10-19

10.2.3　饱和度调整

　　颜色校正类效果还包括一些控制画面色彩饱和度的效果。例如，【颜色平衡(HLS)】效果不仅可以降低饱和度，还可以改变视频画面的色调和亮度，将该效果添加至素材后，直接在【色相】选项右侧单击输入数值，或者调整该选项下方的色调圆盘，从而改变画面色调，如图 10-20 所示。

图 10-20

　　向左拖动【亮度】滑块，可以降低画面亮度；向右拖动【亮度】滑块，可以提高画面亮度，但是会呈现一层灰色或白色，如图 10-21 所示。

　　【饱和度】选项用来设置画面饱和度效果。向左拖动【饱和度】滑块，能够降低画面饱和度；向右拖动【饱和度】滑块，能够增强画面饱和度，如图 10-22 所示。

图 10-21

图 10-22

10.2.4　复杂颜色调整

使用 Premiere·2022，不仅能校正色调、调整亮度及饱和度，还可以为视频画面进行更加综合的颜色调整设置，其中包括整体色调的变换和固定颜色的变换。

1. RGB 曲线

【RGB 曲线】效果能够调整素材画面的明暗关系和色彩关系，并且能够平滑地调整素材画面的 256 级灰度，使画面调整效果更加细腻。将该效果添加至素材后，【效果控件】面板中将显示该效果的选项，如图 10-23 所示。

【RGB 曲线】效果与【亮度曲线】效果的调整方法相同，但后者只能够针对画面的明暗关系进行调整，前者则既能够调整画面的明暗关系，还能够调整画面的色彩关系。

图 10-23

2. 颜色平衡

【颜色平衡】效果能够分别为画面中的高光、中间调和暗部区域进行红、蓝、绿色调的调整。其设置方法也很简单，只需要将该效果添加至素材后，在【效果控件】面板中拖动相应的滑块，或者直接输入数值，即可改变相应区域的色调效果，如图 10-24 所示。

图 10-24

3. 通道混合器

【通道混合器】效果是根据通道颜色调整视频画面的效果，该效果分别为红色、绿色、蓝色准备了该颜色到其他多种颜色的设置，从而实现了不同的颜色设置，如图 10-25 所示。

在该效果中，还可以通过勾选【单色】复选框，将彩色视频画面转换为灰度效果。如果在勾选【单色】复选框后继续设置颜色选项，那么就会改变灰度效果中各个色相的明暗关系，从而改变整幅画面的明暗关系，如图 10-26 所示。

4. 更改颜色

如果想要对视频画面中的某个色相或色调进行变换，那么可以通过【更改颜色】效果来实现。【更改颜色】效果不但可以改变某种颜色,还可以将其转换为其他任何色相,并且可以设置该颜色的亮度、饱和度及匹配容差与匹配柔和度,如图 10-27 所示。

图 10-25

图 10-26

图 10-27

10.2.5 课堂范例——应用【通道模糊】效果

本范例将介绍应用【通道模糊】效果的方法,【通道模糊】效果可以有选择地将模糊效果应用到层的每个颜色通道:红色、绿色、蓝色和Alpha。

◄◄ 扫码看视频(本节视频课程时间:20 秒)

素材保存路径：配套素材\第 10 章\10.2.5
素材文件名称：10.2.5.prproj

第1步　打开项目素材文件，可以看到已经新建了一个序列，并在【时间轴】面板中导入了一个素材，在【效果】面板中搜索"通道模糊"，将搜索到的【通道模糊】效果拖曳到【时间轴】面板的素材上，如图 10-28 所示。

图 10-28

第2步　在【效果控件】面板中设置【通道模糊】选项参数，如图 10-29 所示。

第3步　在【节目】监视器面板中查看效果，通过以上步骤即可完成应用【通道模糊】效果的操作，如图 10-30 所示。

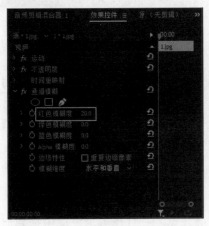

图 10-29

图 10-30

10.3　视频调整类效果

视频调整类效果主要通过调整图像的色阶、阴影或高光，以及亮度、对比度等，达到优化影像质量或实现某种特殊画面效果的目的。本节将详细介绍视频调整类效果的相关知识及操作方法。

10.3.1 阴影/高光

【阴影/高光】效果能够基于阴影或高光区域，使其局部相邻像素的亮度提高或降低，从而达到校正由强逆光而形成的剪影画面的目的。

在【效果控件】面板中，展开【阴影/高光】选项后，主要通过【阴影数量】和【高光数量】等选项来调整该视频效果的应用效果，如图 10-31 所示。

图 10-31

在【阴影/高光】选项组中，主要选项的作用如下。

➢ 【阴影数量】选项：用于控制画面暗部区域的亮度提高数量，取值越大，暗部区域变得越亮。

➢ 【高光数量】选项：用于控制画面亮部区域的亮度降低数量，取值越大，高光区域的亮度越低。

➢ 【与原始图像混合】选项：用于为处理后的画面设置不透明度，从而将其与原画面叠加后生成最终效果。

➢ 【更多选项】选项组：其中包括阴影/高光色调宽度、阴影/高光半径、中间调对比度等选项，通过这些选项的设置，可以改变阴影区域的调整范围。

10.3.2 色阶

【自动色阶】效果会自动调整影像的最暗点和最亮点，并且在每个色板中都会把部分的阴影和亮部剪裁掉，然后将每个彩色色板中最亮和最暗的像素对应到纯白色和纯黑色，也就是色阶 255 和色阶 0。如此一来，中间像素值便会依照比例重新分配。因此，使用自动色阶效果时，像素值会增加，影像的对比会增强。相对地，如果影像中对比较低，则是因为像素值受到了压缩，因为自动色阶效果会个别地调整色板，所以可能会移除颜色或带入颜色投射。

对于某些只需要增加对比度便能平均分配像素的影像来说，自动色阶的效果特别好，如图 10-32 所示。

图 10-32

10.3.3　光照

【光照效果】是通过对光照类型、数量、光照强度等进行设置，为图像添加灯光照射的效果，如图 10-33 所示为【光照效果】选项参数。

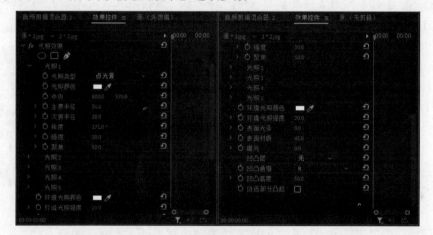

图 10-33

如图 10-34 所示为添加了【光照效果】的效果。

图 10-34

10.3.4 课堂范例——制作水中倒影效果

本范例将介绍制作水中倒影效果的方法,需要使用到的知识点有导入素材,创建序列,设置素材【不透明度】选项参数,为素材添加【波形变形】【羽化边缘】【垂直翻转】效果,并设置效果选项参数。

◀◀ 扫码看视频(本节视频课程时间: 2 分 02 秒)

素材保存路径: 配套素材\第 10 章\10.3.4
素材文件名称: 汽车.jpg、水.jpg

第 1 步 新建项目文件,双击【项目】面板空白处,打开【导入】对话框,选择准备导入的素材,单击【打开】按钮,如图 10-35 所示。

第 2 步 素材导入到【项目】面板中,将"水"素材拖入【时间轴】面板中,创建序列,如图 10-36 所示。

图 10-35

图 10-36

第 3 步 在【效果控件】面板中设置【不透明度】选项参数,如图 10-37 所示。

第 4 步 在【效果】面板的搜索框中输入"波形",将搜索到的【波形变形】效果拖到【时间轴】面板的素材上,在【效果控件】面板中设置【波形宽度】选项参数,如图 10-38 所示。

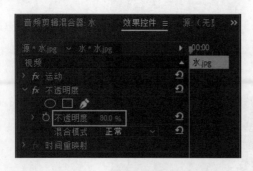

图 10-37

图 10-38

第 5 步 在【效果】面板的搜索框中输入"羽化",将搜索到的【羽化边缘】效果拖到【时间轴】面板的素材上,在【效果控件】面板中设置【数量】选项参数,如图 10-39

所示。

第6步　将"汽车"素材拖入【时间轴】面板的 V2 轨道中，在【效果控件】面板中
设置【位置】和【缩放】选项参数，如图 10-40 所示。

图 10-39

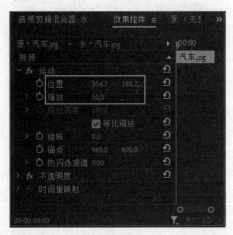

图 10-40

第7步　为"汽车"素材添加【羽化边缘】效果，在【效果控件】面板中设置【数量】
选项参数，如图 10-41 所示。

第8步　将"汽车"素材拖入【时间轴】面板的 V3 轨道中，在【效果控件】面板中
设置【位置】和【缩放】选项参数，如图 10-42 所示。

图 10-41

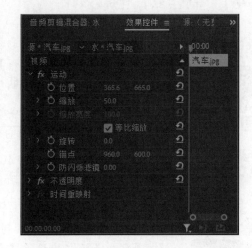

图 10-42

第9步　为 V3 轨道中的"汽车"素材添加【垂直翻转】和【羽化边缘】效果，在【效
果控件】面板中设置【数量】选项参数，如图 10-43 所示。

第10步　为 V3 轨道中的"汽车"素材添加【波形变形】效果，在【效果控件】面板
中设置【波形宽度】选项参数，如图 10-44 所示。

图 10-43　　　　　　　　　　　　　　图 10-44

10.4　实践案例与上机指导

通过对本章内容的学习，读者基本可以掌握颜色的校正与调整的基本知识以及一些常见的操作方法。下面通过实际操作，以达到巩固学习、拓展提高的目的。

10.4.1　制作复古电影效果

本节将制作复古电影效果，需要用的知识点有为素材添加【彩色浮雕】【杂色】【波形变形】效果，并设置效果参数，设置【Lumetri 颜色】选项参数和【不透明度】选项的混合模式等。

◄◄ 扫码看视频(本节视频课程时间：1 分 40 秒)

素材保存路径：配套素材\第 10 章\10.4.1
素材文件名称：电影斑点.mov、猫.mp4

第 1 步　打开项目素材文件，选中 V1 轨道中的素材，在【效果】面板中搜索"彩色浮雕"，将搜索到的【彩色浮雕】效果添加到 V1 轨道中的素材上，如图 10-45 所示。

第 2 步　在【效果控件】面板中设置【彩色浮雕】选项的参数，如图 10-46 所示。

第 3 步　在【效果】面板中搜索"杂色"，将搜索到的【杂色】效果添加到 V1 轨道中的素材上，在【效果控件】面板中设置【杂色】选项的参数，如图 10-47 所示。

第 4 步　执行【窗口】→【Lumetri 颜色】命令，打开【Lumetri 颜色】面板，单击展开【创意】选项，设置选项参数，如图 10-48 所示。

第 5 步　在【效果】面板中搜索"波形变形"，将搜索到的【波形变形】效果添加到 V1 轨道中的素材上，在【效果控件】面板中设置【波形变形】选项的参数，如图 10-49 所示。

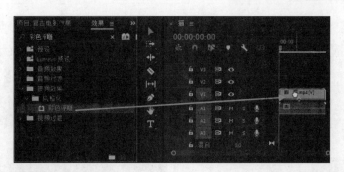

图 10-45

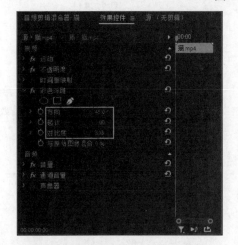

图 10-46

图 10-47

图 10-48

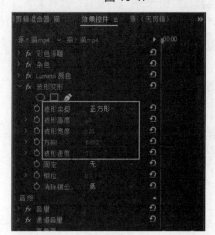

图 10-49

【第6步】 将"电影斑点"素材导入【项目】面板，拖入 V1 轨道中，右击，在弹出的快捷菜单中选择【取消链接】命令，如图 10-50 所示。

【第7步】 删除"电影斑点"的音频文件，将"电影斑点"视频移至 V2 轨道中与"猫"视频对齐，为"电影斑点"素材添加【黑白】效果，在【效果控件】面板中设置【不透明度】选项下的【混合模式】为【柔光】选项，如图 10-51 所示。

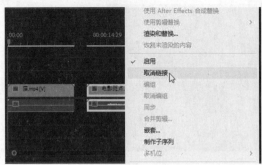

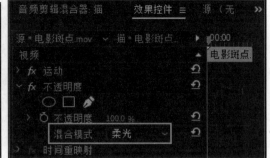

图 10-50　　　　　　　　　　　　　　　　　图 10-51

10.4.2　制作夕阳斜照效果

　　　　　夕阳下的视频效果需要长时间的拍摄以及绝佳的拍摄角度，Premiere 可以模拟夕阳斜照的效果。下面详细介绍制作夕阳斜照效果的方法。

　　　　　◀◀ 扫码看视频(本节视频课程时间：1 分 07 秒)

　素材保存路径：配套素材\第 10 章\10.4.2
　　素材文件名称：北海波光.avi

　第 1 步　新建项目文件，双击【项目】面板空白处，导入"北海波光"素材，将素材拖入【时间轴】面板中，创建序列，如图 10-52 所示。

　第 2 步　在【项目】面板中单击【新建项】按钮，在弹出的菜单中选择【调整图层】菜单项，如图 10-53 所示。

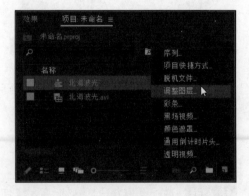

图 10-52　　　　　　　　　　　　　　　　　图 10-53

　第 3 步　打开【调整图层】对话框，保持默认设置，单击【确定】按钮，如图 10-54 所示。

　第 4 步　将创建的调整图层拖入【时间轴】面板的 V2 轨道中，并设置持续时间与"北海波光"相同，如图 10-55 所示。

图 10-54

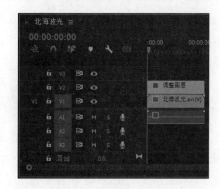

图 10-55

第 5 步　在【效果】面板中搜索"镜头光晕"，将搜索到的【镜头光晕】效果添加到调整图层上，在【效果控件】面板中设置【镜头光晕】选项参数，如图 10-56 所示。

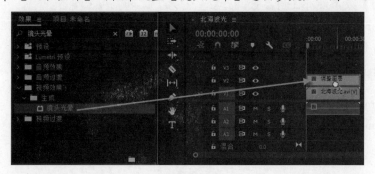

图 10-56

第 6 步　将当前时间指示器移至 1 秒处，在【效果控件】面板中设置【光晕中心】【光晕亮度】【与原始图像混合】选项参数，单击【光晕中心】选项左侧的【切换动画】按钮，创建第 1 个关键帧，如图 10-57 所示。

第 7 步　将当前时间指示器移至 16 秒处，设置【光晕中心】选项参数，添加第 2 个关键帧，如图 10-58 所示。

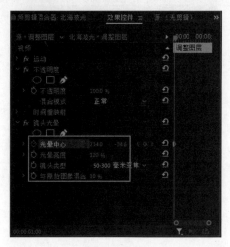

图 10-57

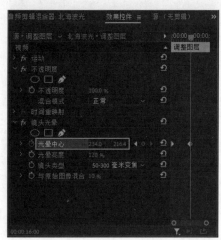

图 10-58

10.5　思考与练习

一、填空题

1. ＿＿＿＿＿＿＿类视频效果的主要功能是更改或替换素材画面内的某些颜色，从而达到突出画面内容的目的。

2. 日常生活中的视频通常为彩色的，如果想要制作出灰度效果，那么可以通过【图像控制】效果组中的＿＿＿＿＿＿和＿＿＿＿＿＿效果来实现。

二、判断题

1. 【黑白】效果没有任何参数。　　　　　　　　　　　　　　（　　）

2. 【Color Replace(颜色替换)】效果能够将画面中的某种颜色替换为其他颜色，而画面中的其他颜色不发生变化。　　　　　　　　　　　　　　　　　（　　）

三、思考题

1. 在 Premiere 2022 中如何应用【亮度校正器】效果？

2. 在 Premiere 2022 中如何应用【自动色阶】效果？

新起点 电脑教程

第11章

叠加与抠像

本章主要内容

本章主要介绍叠加与抠像概述和叠加方式与抠像方面的知识与技巧，以及如何使用颜色遮罩抠像。在本章的最后还针对实际的工作需求，讲解制作望远镜画面效果和制作颜色键视频转场效果的方法。通过对本章内容的学习，读者可以掌握叠加与抠像方面的知识，为深入学习 Premiere 2022 知识奠定基础。

11.1 叠加与抠像概述

抠像作为一门实用且有效的特效手段，被广泛运用于影视处理的很多领域，它可以使多种影片素材通过剪辑产生完美的画面合成效果。而叠加是将多个素材混合在一起，从而产生各种特殊的效果。两者有着必然的联系，本节将详细介绍叠加与抠像的相关知识。

11.1.1 叠加技术

在编辑视频时，如果需要使两个或多个画面同时出现，则可以使用叠加的方式来实现。

在 Premiere 2022 中，【视频效果】文件夹下的【键控】效果组提供了多种效果，可以帮助用户实现素材叠加的效果，如图 11-1 所示。

图 11-1

11.1.2 抠像技术

抠像是将画面中的某一颜色进行抠除并转换为透明色，是影视制作领域较为常见的技术手段。如果在影片中看见演员在绿色或蓝色的背景前表演，但是看不到这些背景，这就是运用了抠像的技术手段。

在影视制作过程中，背景的颜色不仅仅局限于绿色和蓝色，任何与演员服饰、妆容等区分开来的纯色都可以实现该技术，以此实现虚拟演播室的效果，如图 11-2 所示。

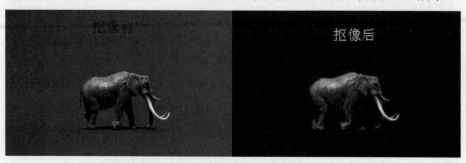

图 11-2

　　抠像的最终目的是将人物与背景进行融合。可以使用其他背景素材替换原绿色背景，也可以再添加一些相应的前景元素，使其与原始图像相互融合，形成二层或多层画面的叠加合成，以实现丰富的层次及神奇的合成视觉艺术效果，如图 11-3 所示。

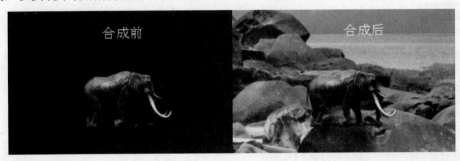

图 11-3

11.1.3　课堂范例——调节不透明度

　　在 Premiere 2022 中，操作最为简单、使用最为方便的视频合成方式，就是通过降低顶层视频轨道中的素材透明度，从而显现出底层视频轨道上的素材内容。本范例详细介绍调节不透明度的方法。

◀◀ 扫码看视频(本节视频课程时间：1 分 13 秒)

素材保存路径：配套素材\第 11 章\11.1.3
素材文件名称：1 ~ 3.jpg

　　第 1 步　新建项目文件，双击【项目】面板空白处，打开【导入】对话框，**1.** 选中准备导入的素材，**2.** 单击【打开】按钮，如图 11-4 所示。
　　第 2 步　素材导入到【项目】面板，将素材"1"拖入【时间轴】面板中创建序列，将素材"2"拖入 V2 轨道，并与素材"1"有 1 秒的重叠部分，将素材"3"拖入 V3 轨道，并与素材"2"有 1 秒的重叠部分，如图 11-5 所示。

图 11-4

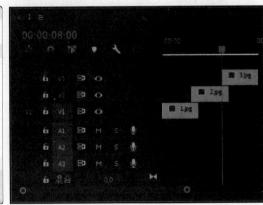

图 11-5

第3步 在【时间轴】面板中选中素材"2"，将时间指示器移至 4 秒处，在【效果控件】面板中单击【不透明度】选项左侧的【切换动画】按钮，创建关键帧，设置【不透明度】选项参数，如图 11-6 所示。

第4步 将时间指示器移至 4 秒 24 帧处，更改【不透明度】选项参数，创建第 2 个关键帧，如图 11-7 所示。

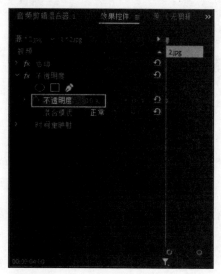

图 11-6   图 11-7

第5步 选中所有关键帧，右击，在弹出的快捷菜单中选择【复制】菜单项，如图 11-8 所示。

第6步 在【时间轴】面板中选中素材"3"，在【效果控件】面板中将时间指示器移至 8 秒处，右击面板空白处，在弹出的快捷菜单中选择【粘贴】菜单项，如图 11-9 所示。

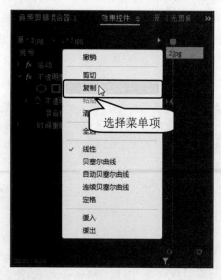

图 11-8   图 11-9

第7步 可以看到关键帧被粘贴到素材"3"中，如图 11-10 所示。

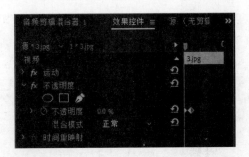

图 11-10

第 8 步 在【节目】面板中播放素材查看效果，如图 11-11 所示。

图 11-11

11.2　叠加方式与抠像

抠像是通过虚拟的方式将背景进行特殊透明叠加的一种技术，也是影视合成中常用的背景透明方法，它通过去除指定区域的颜色，使其透明来完成和其他素材的合成。叠加方式与抠像技术是紧密相连的，叠加类特效主要用于处理抠像效果、对素材进行动态跟踪和叠加各种不同的素材，是影视编辑与制作中常用的视频特效。

11.2.1　Alpha 调整抠像

【视频效果】文件夹下的【键控】效果组中的【Alpha 调整】效果，用于为上层图像中的 Alpha 通道设置遮罩叠加效果，其相关参数设置及效果如图 11-12 所示。

【Alpha 调整】选项组中各个选项的作用如下。

➢ 【不透明度】选项：能够控制 Alpha 通道的透明程度，因此在更改其参数值后会直接影响相应图像素材在画面中的表现效果。

➢ 【忽略 Alpha】复选框：勾选该复选框，序列将会忽略图像素材 Alpha 通道所定义的透明区域，并使用黑色像素填充这些透明区域。

➢ 【反转 Alpha】复选框：勾选该复选框，会反转 Alpha 通道所定义的透明区域的范围。

➢ 【仅蒙版】复选框：勾选该复选框，则图像素材在画面中的非透明区域将显示为通道画面，但透明区域不会受此影响。

图 11-12

11.2.2 亮度键抠像

【亮度键】视频效果用于将生成图像中的灰度像素设置为透明，并且保持色度不变。在【效果控件】面板中，通过更改【亮度键】选项组中的【阈值】和【屏蔽度】参数，可以调整应用于素材剪辑后的效果，其相关参数设置及效果如图 11-13 所示。

图 11-13

11.2.3 差值遮罩

【差值遮罩】视频效果在 Premiere 2020 版本中被放置在【键控】视频效果文件夹中，在 Premiere 2022 版本则被放置在【过时】视频效果文件夹中。【差值遮罩】视频效果的作用是对比两个相似的图像剪辑，并去除两个图像剪辑在画面中的相似部分，只留下有差异的图像内容。因此，该视频效果在应用时对素材剪辑的内容要求较为严格，但在某些情况下，能够很轻易地将运动对象从静态背景中抠取出来，其相关参数设置及效果如图 11-14 所示。

在【差值遮罩】选项组中，各个选项的作用如下。

➢ 【视图】下拉按钮：用于确定最终输出于【节目】监视器面板中的画面的内容，共有【最终输出】【仅限源】【仅限遮罩】3 个选项。【最终输出】选项用于输出两个素材进行差值匹配后的结果画面；【仅限源】选项用于输出应用该效果的素材画面；【仅限遮罩】选项用于输出差值匹配后产生的遮罩画面。

图 11-14

> ➢ 【差值图层】下拉按钮：用于确定与源素材进行差值匹配操作的素材位置，即确定差值匹配素材所在的轨道。

> ➢ 【如果图层大小不同】下拉按钮：当源素材与差值匹配素材的尺寸不同时，可通过该选项来确定差值匹配操作将以何种方式展开。

> ➢ 【匹配容差】选项：该选项的取值越大，相类似的匹配就越宽松；该选项的取值越小，相类似的匹配就越严格。

> ➢ 【匹配柔和度】选项：该选项会影响差值匹配结果的透明度，其取值越大，差值匹配结果的透明度就越大；反之，则差值匹配结果的透明度就越小。

> ➢ 【差值前模糊】选项：根据该选项取值的不同，Premiere 会在差值匹配操作前对匹配素材进行一定程度的模糊处理。因此，【差值前模糊】选项的取值将直接影响差值匹配的精确程度。

11.2.4　图像遮罩键

【图像遮罩键】视频效果用于选择外部素材作为遮罩，控制两个图层中图像的叠加效果。下面详细介绍使用【图像遮罩键】效果的方法。

第 1 步　创建项目文件，导入素材，将素材拖入【时间轴】面板中创建序列，如图 11-15所示。

第 2 步　*1.* 在【项目】面板中单击【新建项】按钮，*2.* 在弹出的菜单中选择【颜色遮罩】菜单项，如图 11-16 所示。

第 3 步　打开【新建颜色遮罩】对话框，保持默认设置，单击【确定】按钮，如图 11-17所示。

第 4 步　打开【拾色器】对话框，*1.* 设置 RGB 数值，*2.* 单击【确定】按钮，如图 11-18 所示。

第 5 步　打开【选择名称】对话框，保持默认设置，单击【确定】按钮，如图 11-19所示。

第 6 步　将素材 "1" 移至 V2 轨道中，将颜色遮罩拖入 V1 轨道中，如图 11-20 所示。

图 11-15　　　　　　　　　　　　图 11-16

图 11-17

图 11-18

图 11-19

图 11-20

第7步 在【效果】面板中搜索"图像"，将搜索到的【图像遮罩键】效果拖到素材"1"上，如图 11-21 所示。

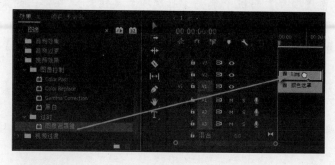

图 11-21

第8步 在【效果控件】面板中单击【图像遮罩键】选项右侧的【设置】按钮，如图 11-22 所示。

第9步 打开【选择遮罩图像】对话框，**1.** 选择图像素材，**2.** 单击【打开】按钮，如图 11-23 所示。

图 11-22　　　　　　　　　　　　　　　图 11-23

第10步 在【效果控件】面板中设置【合成使用】选项为【亮度遮罩】，即可在【节目】面板中查看遮罩效果，如图 11-24 所示。

图 11-24

11.2.5 轨道遮罩键抠像

从效果及实现原理来看，【轨道遮罩键】视频效果与【图像遮罩键】视频效果完全相同，都是将其他素材作为遮罩后隐藏或显示目标素材的部分内容。从实现方式来看，【轨道遮罩键】效果是将图像添加至时间轴上，作为遮罩素材使用；而【图像遮罩键】效果是直接将遮罩素材附加在目标素材上。【轨道遮罩键】的参数及应用效果如图 11-25 所示。

【轨道遮罩键】选项组中各个选项的作用如下。

➢ 【遮罩】下拉按钮：用于设置遮罩素材的位置。

➢ 【合成方式】下拉按钮：用于确定遮罩素材将以怎样的方式来影响目标素材。当

【合成方式】选项为【Alpha 遮罩】时，Premiere 将利用遮罩素材内的 Alpha 通道来隐藏目标素材；当【合成方式】选项为【亮度遮罩】时，Premiere 则会使用遮罩素材本身的视频画面来控制目标素材内容的显示与隐藏。

➤ 【反向】复选框：用于反转遮罩内的黑、白像素，从而显示原本透明的区域，并隐藏原本能够显示的内容。

图 11-25

11.2.6 课堂范例——制作文字遮罩效果

本范例将制作文字遮罩效果视频，需要使用的知识点有创建旧版标题，设置字幕字体和大小，设置字幕滚动，添加字幕到 V2 轨道，为视频添加【轨道遮罩键】效果，设置遮罩选项。

◀◀ 扫码看视频(本节视频课程时间：1 分 12 秒)

素材保存路径：配套素材\第 11 章\11.2.6
素材文件名称：11.2.6.prproj

第1步 打开项目素材文件，1. 单击【文件】菜单，2. 选择【新建】菜单项，3. 选择【旧版标题】子菜单项，如图 11-26 所示。

第2步 打开【新建字幕】对话框，保持默认设置，单击【确定】按钮，如图 11-27 所示。

第3步 打开字幕面板，使用文字工具输入 "THIS IS SHANG HAI"，设置字体为 "Impact"，设置大小为 1250，单击【滚动/游动选项】按钮，如图 11-28 所示。

第4步 打开【滚动/游动选项】对话框，1. 选中【向左游动】单选按钮，2. 单击【确定】按钮，如图 11-29 所示。

第5步 关闭字幕面板，将字幕拖入【时间轴】面板中的 V2 轨道上，设置持续时间与视频素材一致，在【效果】面板中搜索 "轨道"，将搜索到的【轨道遮罩键】效果拖到视频素材上，如图 11-30 所示。

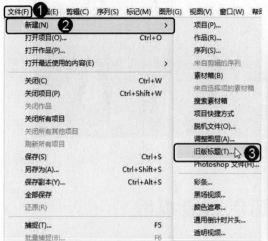

图 11-26

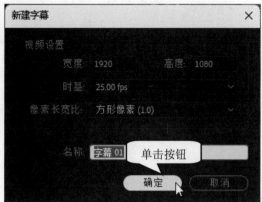

图 11-27

图 11-28

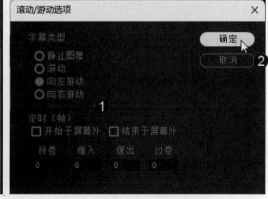

图 11-29

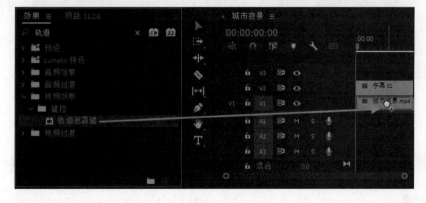

图 11-30

第 6 步　在【效果控件】面板中设置【遮罩】为【视频 2】选项，可以在【节目】面板中查看文字遮罩效果，如图 11-31 所示。

图 11-31

11.3　使用颜色遮罩抠像

Premiere 2022 最常用的遮罩方式，是根据颜色来隐藏或显示局部画面。在拍摄视频时，特别是用于后期合成的视频，通常情况下，其背景是蓝色或绿色布景，以方便后期的合成。本节将详细介绍使用颜色遮罩抠像的相关知识。

11.3.1　非红色键抠像

【非红色键】效果能够同时去除视频画面内的蓝色和绿色背景，它包括两个混合滑块，可以混合两个轨道素材。下面介绍使用【非红色键】效果的方法。

第 1 步　在【效果】面板的搜索框中输入"非红色键"，将搜索到的【非红色键】效果添加到 V2 轨道的素材上，如图 11-32 所示。

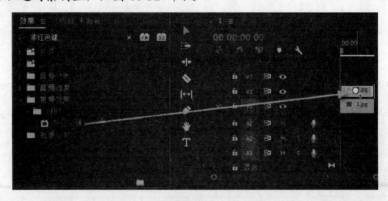

图 11-32

第 2 步　在【效果控件】面板中，在开始处单击【阈值】选项左侧的【切换动画】按钮，创建关键帧，如图 11-33 所示。

第 3 步　将时间指示器移至 1 秒处，更改【阈值】选项参数，如图 11-34 所示。

第 4 步　将时间指示器移至 2 秒处，更改【阈值】选项参数，如图 11-35 所示。

第 5 步　将时间指示器移至 3 秒处，更改【阈值】选项参数，如图 11-36 所示。

图 11-33　　　　　　　　　　　　　图 11-34

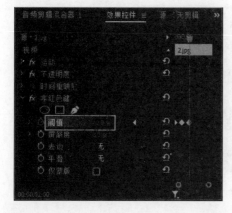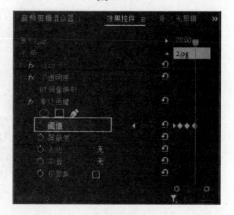

图 11-35　　　　　　　　　　　　　图 11-36

第6步　在【节目】监视器面板中从头播放素材，查看添加的【非红色键】效果，如图 11-37 所示。

图 11-37

在【非红色键】选项组中，各个选项的作用如下。

➢ 　【阈值】选项：向左拖动会去除更多的绿色和蓝色区域。

> 【屏蔽度】选项：用于微调键控的屏蔽程度。
> 【去边】下拉按钮：从右侧的下拉列表中可以选择【无】【绿色】【蓝色】3 种去边效果。
> 【平滑】下拉按钮：用于设置锯齿消除程度，通过混合像素颜色来平滑边缘。从右侧的下拉列表中可以选择【无】【低】【高】3 种消除锯齿程度。
> 【仅蒙版】复选框：勾选该复选框，可以显示素材的 Alpha 通道。

11.3.2　颜色键抠像

【颜色键】视频效果的作用是抠取画面中的指定色彩，多用于画面中包含大量色调相同或相近色彩的情况。【颜色键】参数如图 11-38 所示。

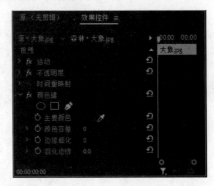

图 11-38

应用【颜色键】视频效果前后的效果对比如图 11-39 所示。

图 11-39

在【颜色键】选项组中，各个选项的作用如下。

> 【主要颜色】选项：用于指定目标素材内所要抠除的色彩。
> 【颜色容差】选项：用于扩展所抠除色彩的范围，根据其选项参数的不同，部分与【主要颜色】选项相似的色彩也将被抠除。
> 【边缘细化】选项：能够在图像色彩抠取结果的基础上，扩大或减小【主要颜色】选项所设定颜色的抠取范围。
> 【羽化边缘】选项：对抠取后的图像进行边缘羽化操作，其参数值越大，羽化效果就越明显。

11.3.3　超级键抠像

【超级键】是抠图中最常用的工具，功能也非常强大，对于纯色绿幕或蓝幕背景的视频，应用【超级键】效果可以快速抠好，而对于光线影响下的绿幕或蓝幕，结合【遮罩生成】和【遮罩清除】效果，也能轻松抠掉，后期结合不透明蒙版把不需要的部分去掉。【超级键】参数如图 11-40 所示。

图 11-40

应用【超级键】视频效果前后的效果对比如图 11-41 所示。

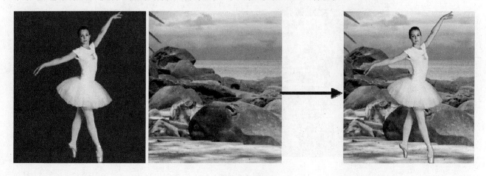

图 11-41

11.3.4　课堂范例——制作水墨转场效果

本范例将制作水墨转场效果视频，需要使用的知识点有导入素材，创建序列，放置素材，取消素材的音视频链接，为素材添加【轨道遮罩键】效果，设置遮罩选项。

◀◀ 扫码看视频(本节视频课程时间：46 秒)

素材保存路径：配套素材\第 11 章\11.3.4
素材文件名称：1～2.jpg、水墨素材.m4v

第1步 新建项目文件，双击【项目】面板空白处，打开【导入】对话框，**1.** 选中准备导入的素材，**2.** 单击【打开】按钮，如图 11-42 所示。

第2步 将所有素材拖入【时间轴】面板中创建序列，按照如图 11-43 所示放置素材。

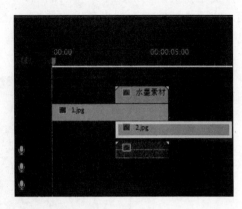

图 11-42   图 11-43

第3步 右击"水墨素材"，在弹出的快捷菜单中选择【取消链接】菜单项，如图 11-44 所示。

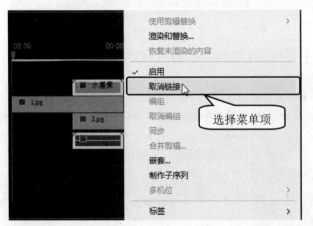

图 11-44

第4步 在【效果】面板中搜索"轨道"，将搜索到的【轨道遮罩键】效果拖到素材"1"上，如图 11-45 所示。

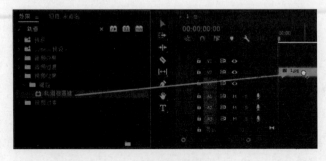

图 11-45

第 5 步　在【效果控件】面板中设置【遮罩】为【视频 3】选项，设置【合成方式】为【亮度遮罩】选项，勾选【反向】复选框，即可在【节目】面板中查看效果，如图 11-46 所示。

图 11-46

11.4　实践案例与上机指导

通过对本章内容的学习，读者基本可以掌握叠加与抠像的基本知识以及一些常见的操作方法。下面通过实际操作，以达到巩固知识、拓展提高的目的。

11.4.1　制作望远镜画面效果

在影视作品中，往往会应用望远镜或其他类似设备进行观察，从而模拟第一人称视角的拍摄手法。事实上，这些效果大都通过后期制作中的特殊处理来完成。下面将详细介绍制作望远镜画面效果的方法。

◀◀ 扫码看视频(本节视频课程时间：46 秒)

素材保存路径：配套素材\第 11 章\11.4.1
素材文件名称：11.4.1.prproj

第 1 步　打开项目素材文件，在【效果】面板的搜索框中输入"轨道"，将搜索到的【轨道遮罩键】效果拖到"风景"素材上，如图 11-47 所示。

第 2 步　在【效果控件】面板的【轨道遮罩键】选项组中设置【遮罩】选项为【视频 2】，在【合成方式】下拉列表中选择【亮度遮罩】选项，如图 11-48 所示。

第 3 步　在【时间轴】面板中选中"望远镜遮罩.psd"，将时间指示器移至 2 秒 5 帧处，在【效果控件】面板中单击【运动】选项组中【位置】选项左侧的【切换动画】按钮，创建关键帧，如图 11-49 所示。

第 4 步　将时间指示器移至开始处，更改【位置】选项参数，创建第 2 个关键帧，如图 11-50 所示。

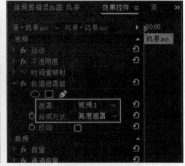

图 11-47　　　　　　　　　　　　　　　　图 11-48

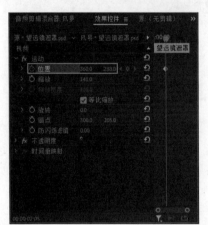

图 11-49　　　　　　　　　　　　　　　　图 11-50

第 5 步 完成上述操作之后,在【节目】监视器面板中可以看到最终的画面效果,这样即可完成制作望远镜画面效果的操作,如图 11-51 所示。

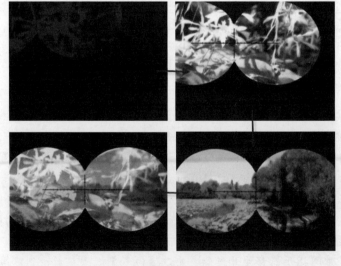

图 11-51

11.4.2　制作颜色键视频转场效果

　　本案例主要利用【颜色键】视频效果为 3 段视频添加转场，使 3 段不同的视频在过渡衔接上更自然，给人一种酷炫神秘的感觉。

◀◀ 扫码看视频(本节视频课程时间：2 分 50 秒)

　素材保存路径：配套素材\第 11 章/11.4.2

素材文件名称：佛像.mp4、火焰.mp4、枯树.mp4、转场音乐.wav

　　第 1 步　新建项目文件，双击【项目】面板空白处，打开【导入】对话框，**1.** 选择素材，**2.** 单击【打开】按钮，如图 11-52 所示。

　　第 2 步　将"佛像.mp4"素材拖入【时间轴】面板中创建序列，并将其移至 V3 轨道中，再将"枯树.mp4"素材拖入 V1 轨道中，将"火焰.mp4"素材拖入 V2 轨道中，设置持续时间都为 12 秒，每 2 段素材的重叠部分为 5 秒，如图 11-53 所示。

图 11-52

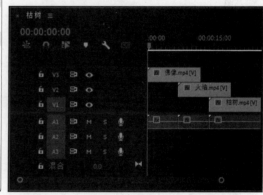

图 11-53

　　第 3 步　选中所有素材，右击，在弹出的快捷菜单中选择【取消链接】菜单项，选中所有音频素材，按 Delete 键删除，只保留视频素材，如图 11-54 所示。

　　第 4 步　使用【剃刀工具】在第 1 段素材和第 2 段素材重叠部分的开始处进行裁剪，如图 11-55 所示。

图 11-54

图 11-55

第5步 在【效果】面板的搜索框中输入"颜色键",将搜索到的【颜色键】效果拖到 V3 轨道的第 2 段素材上,如图 11-56 所示。

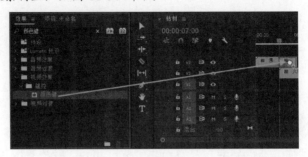

图 11-56

第6步 在【效果控件】面板中的【颜色键】选项中单击【吸管工具】按钮,在【节目】面板中单击素材背景部分吸取颜色,如图 11-57 所示。

图 11-57

第7步 在素材开始处单击【颜色容差】选项左侧的【切换动画】按钮 ⏱,创建第 1 个关键帧,如图 11-58 所示。

第8步 在 9 秒 4 帧处设置【颜色容差】选项参数,创建第 2 个关键帧,如图 11-59 所示。

图 11-58

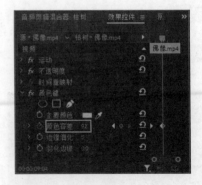

图 11-59

第9步 在 11 秒处设置【颜色容差】参数,创建第 3 个关键帧,如图 11-60 所示。

第10步 使用【剃刀工具】在第 2 段素材和第 3 段素材重叠部分的开始处进行裁剪,如图 11-61 所示。

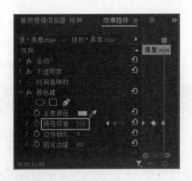

图 11-60

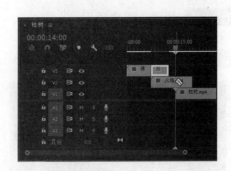

图 11-61

第 11 步 将【颜色键】效果拖入 V2 轨道中的第 2 段素材上，使用【吸管工具】在【节目】面板中单击素材背景部分吸取颜色，如图 11-62 所示。

第 12 步 在素材开始处单击【颜色容差】选项左侧的【切换动画】按钮，创建第 1 个关键帧，如图 11-63 所示。

图 11-62

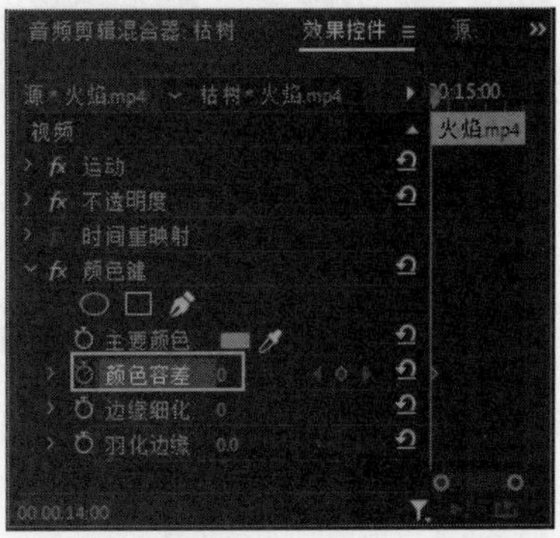

图 11-63

第 13 步 在 16 秒 14 帧处设置【颜色容差】选项参数，创建第 2 个关键帧，如图 11-64 所示。

第 14 步 在 18 秒 17 帧处设置【颜色容差】选项参数，创建第 3 个关键帧，如图 11-65 所示。

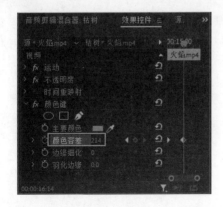

图 11-64

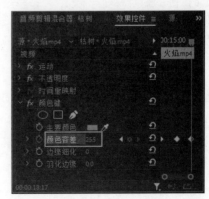

图 11-65

第15步 将"转场音乐.wav"素材拖入【时间轴】面板的 A1 轨道中，使用【剃刀工具】在视频素材结尾处进行裁剪，如图 11-66 所示。

第16步 选中后一段音频素材，按 Delete 键进行删除，最终效果如图 11-67 所示。

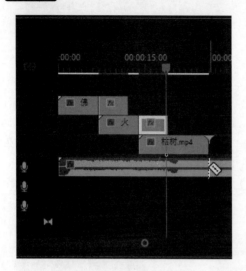

图 11-66

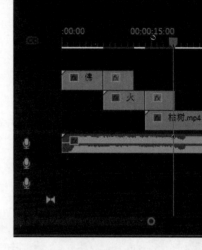

图 11-67

11.5 思考与练习

一、填空题

1. 在编辑视频时，如果需要使两个或多个画面同时出现，则可以使用_____的方式来实现。

2. 抠像是将画面中的某一颜色进行抠除并转换为_____，是影视制作领域较为常见的技术手段。

二、判断题

1. 在影视制作过程中，抠像背景的颜色只能是绿色和蓝色。　　　　　　　　　（　　）

2. 抠像的最终目的是使两个或多个画面同时出现。　　　　　　　　　　　　　（　　）

三、思考题

1. 在 Premiere 2022 中如何调节素材的不透明度？

2. 在 Premiere 2022 中如何使用【图像遮罩键】效果？

新起点
电脑教程

第12章

渲染与输出视频

本章要点

- 输出设置
- 输出媒体文件
- 输出交换文件

本章主要内容

　　本章主要介绍输出设置和输出媒体文件方面的知识与技巧，以及如何输出交换文件。在本章的最后还针对实际的工作需求，讲解了制作电视机画面效果和制作电子相册并导出视频的方法。通过对本章内容的学习，读者可以掌握渲染与输出视频方面的知识，为深入学习 Premiere 2022 知识奠定基础。

12.1 输 出 设 置

在完成整个影视项目的编辑操作后，就可以将项目内所用到的各种素材整合在一起输出为一个独立的、可直接播放的视频文件。在进行此类操作之前，需要对影片输出时的各项参数进行设置，本节将详细介绍输出设置的相关知识及方法。

12.1.1 影片输出的基本流程

影片输出的基本流程非常简单，下面详细介绍影片输出的基本流程。

第1步 选中准备输出的序列，**1.** 单击【文件】菜单，**2.** 在弹出的菜单中选择【导出】菜单项，**3.** 在弹出的子菜单中选择【媒体】子菜单项，如图12-1所示。

第2步 弹出【导出设置】对话框，如图 12-2 所示，在该对话框中用户可以对视频的最终尺寸、文件格式和编辑方式等参数进行设置，单击【导出】按钮即可进行输出。

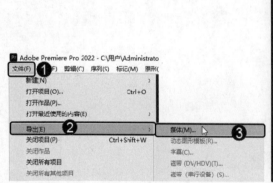

图 12-1

图 12-2

【导出设置】对话框的左半部分为视频预览区域，右半部分为参数设置区域。在左半部分的视频预览区域中，用户可以分别在【源】和【输出】选项卡内查看项目的最终编辑画面和最终输出为视频文件后的画面。在视频预览区域的底部，调整滑杆上的滑块可控制当前画面在整个影片中的位置，而调整滑杆上方的两个三角滑块则能够控制导出时的入点和出点，从而起到控制导出影片持续时间的作用。

知识精讲

在【导出设置】对话框的【源】选项卡下，单击【裁剪输出视频】按钮 ，可以在预览区域内通过拖动锚点，或在【裁剪输出视频】按钮右侧直接调整相应参数，更改画面的输出范围。

12.1.2 选择视频文件输出格式与输出方案

在完成对导出影片持续时间和画面范围的设定之后，可以在【导出设置】对话框的右半部分调整【格式】选项中确定好导出影片的文件类型，如图 12-3 所示。

根据导出影片格式的不同，用户还可以在【预设】下拉列表框中，选择一种 Premiere 2022 之前设置好参数的预设导出方案，完成后即可在【导出设置】选项组的【摘要】区域中查看部分导出设置内容，如图 12-4 所示。

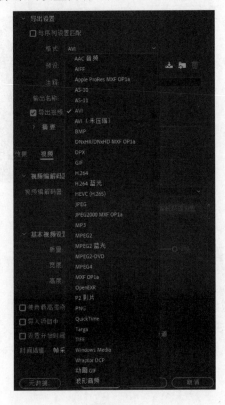

图 12-3

图 12-4

12.1.3 视频设置选项

在【导出设置】对话框下的参数设置区域中，【视频】选项卡可以对导出文件的视频属性进行设置，包括视频编解码器、影像质量、影像画面尺寸、视频帧速率、场序、像素长宽比等。选中不同导出文件格式，可设置的选项也不同，用户可以根据实际需要进行设置，或保持默认的选项设置进行输出，如图 12-5 所示。

12.1.4 音频设置选项

在【导出设置】对话框下的参数设置区域中，【音频】选项卡中的设置选项可以对导出文件的音频属性进行设置，包括音频编解码器类型、采样率、声道格式等，如图 12-6 所示。

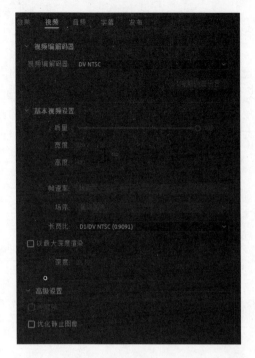

图 12-5　　　　　　　　　　　　　　　　　　图 12-6

12.2　输出媒体文件

目前，媒体文件的格式众多，输出不同类型媒体文件时的设置方法也不相同。因此，当用户在【导出设置】选项组内选择不同的输出文件后，Premiere 2022 会根据所选文件的不同，显示不同的输出选项，以便用户更为快捷地调整媒体文件的输出设置。本节将详细介绍输出媒体文件的相关知识。

12.2.1　输出 AVI 视频格式文件

如果要将视频编辑项目输出为 AVI 格式的视频文件，则应在【格式】下拉列表中选择 AVI 选项，如图 12-7 所示。此时相应的视频输出设置选项如图 12-8 所示。

在上面所展示的 AVI 文件输出选项中，并不是所有的参数都需要调整。通常情况下，所需调整的部分选项功能和含义如下。

1. 视频编解码器

在输出视频文件时，压缩程序或者编解码器决定了计算机该如何准确地重构或者剔除数据，从而尽可能地缩小数字视频文件的体积。

2. 场序

【场序】选项决定了所创建视频文件在播放时的扫描方式，即采用隔行扫描式的"高场优先""低场优先",还是采用逐行扫描进行播放的"逐行"。

图 12-7

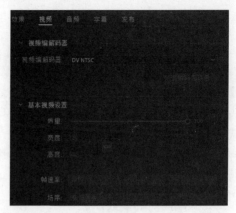
图 12-8

12.2.2　输出 WMV 文件

在 Premiere 2022 中,如果要输出 WMV 格式的视频文件,首先应将【格式】设置为 Windows Media,如图 12-9 所示。此时其视频输出设置选项如图 12-10 所示。

图 12-9

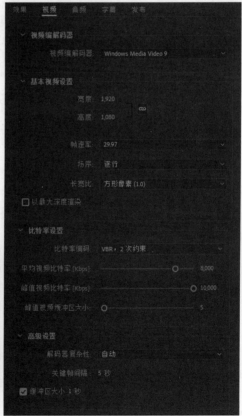
图 12-10

通常情况下，输出 WMV 格式的视频文件所需调整的部分选项功能和含义如下。

1. 1 次编码时的参数设置

1 次编码是指在渲染 WMV 时，编解码器只对视频画面进行 1 次编码分析，优点是速度快，缺点是往往无法获得最为优化的编码设置。当选择 1 次编码时，【比特率编码】会提供【固定】和【可变品质】两种设置选项供用户选择。其中，【固定】模式是指整部影片从头至尾采用相同的比特率设置，优点是编码方式简单，文件渲染速度较快。【可变品质】模式则是在渲染视频文件时，允许 Premiere 根据视频画面的内容来随时调整编码比特率。这样一来，就可在画面简单时采用低比特率进行渲染，从而降低视频文件的体积；在画面复杂时采用高比特率进行渲染，从而提高视频文件的画面质量。

2. 2 次编码时的参数设置

与 1 次编码相比，2 次编码的优势在于能够通过第 1 次编码时所采集到的视频信息，在第 2 次编码时调整和优化编码设置，从而以最佳的编码设置来渲染视频文件。在使用 2 次编码渲染视频文件时，比特率模式将包含【CBR，1 次】【VBR，1 次】【CBR，2 次】【VBR，2 次约束】【VBR，2 次无约束】5 种不同模式，如图 12-11 所示。

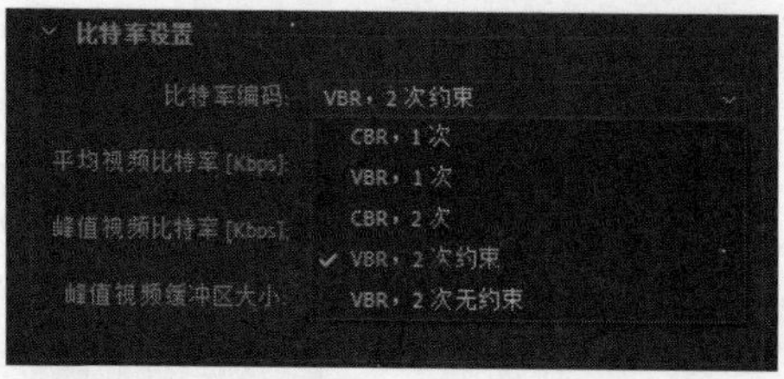

图 12-11

12.2.3 输出 MPEG 文件

作为业内最为重要的一种视频编码技术，MPEG 为多个领域不同需求的使用者提供了多种样式的编码方式，下面将以目前最为流行的 MPEG4 为例，详细介绍 MPEG 文件的输出设置。

在【导出设置】选项组中，将【格式】设置为 MPEG4，如图 12-12 所示，其视频设置选项如图 12-13 所示。

在图 12-13 所示的选项面板中部分常用选项的功能及含义如下。

1. 长宽比

设定画面尺寸，预置有方形像素(1.0)、D1/DV NTSC(0.9091)、D1/DV NTSC 宽银幕 16：9(1.2121)、D1/DV PAL(1.0940)、D1/DV PAL 宽银幕 16：9(1.4587)、变形 2：1(2.0)、HD 变形 1080(1.333)、DVCPRO HD(1.5)以及自定义共 9 种尺寸供用户选择，如图 12-14 示。

2. 比特率编码

确定比特率的编码方式，共包括 CBR 和【VBR，1 次】两种模式，如图 12-15 所示。

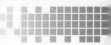

其中，CBR 指固定比特率编码方式，VBR 指可变比特率编码方式。此外，根据所采用编码方式的不同，编码时所采用比特率的设置方式也有所差别。

图 12-12

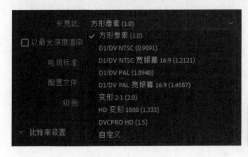

图 12-13

图 12-14

图 12-15

3. 目标比特率

目标比特率用于在可变比特率范围内限制比特率的参考基准值。在多数情况下，Premiere 2022 会对该选项所设定的比特率进行编码，如图 12-16 所示。

4. 最大比特率

【最大比特率】选项的作用是设定比特率所采用的最大值，如图 12-17 所示。

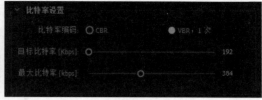

图 12-16 图 12-17

12.2.4 输出单帧图像

Premiere 2022 支持导出单帧图像，而在实际编辑过程中，有时候用户需要将影片中的某一帧画面作为单张静态的图像导出，该功能极大地方便了用户。可输出的图像格式文件包括以下几种：

1. GIF 格式文件

GIF 英文全称为 Graphics Interchange Format，即图像互换格式，GIF 图像文件是以数据块为单位来存储图像的相关信息。该格式的文件数据是一种基于 LZW 算法的连续色调无损压缩格式，是网页中使用最广泛、最普遍的一种图像格式。

2. BMP 格式文件

BMP 是 Windows 操作系统中的标准图像文件格式，可以分成两类：设备相关位图和设备无关位图，使用非常广。它采用位映射存储格式，除了图像深度可选以外，不采用其他任何压缩，因此，BMP 文件所占用的空间很大。由于 BMP 文件格式是 Windows 环境中交换与图有关数据的一种标准，因此在 Windows 环境中运行的图形图像软件都支持 BMP 图像格式。

3. PNG 格式文件

PNG 的名称来源于"可移植网络图形格式(Portable Network Graphic Format)"，是一种位图文件存储格式。PNG 的设计目的是试图替代 GF 和 TFF 文件格式，同时增加一些 GF 文件格式所不具备的特性。该格式一般应用于 JAVA 程序、网页中，原因是它压缩比高，生成文件体积小。

4. Targa 格式文件

TGA (Targa)格式是计算机上应用最广泛的图像格式。在兼顾了 BMP 的图像质量的同时又兼顾了 JPEG 的体积优势。该格式自身的特点是通道效果、方向性。在 CG 领域常作为影视动画的序列输出格式，因为兼具体积小和效果清晰的特点。

5. TIFF 格式文件

标签图像文件格式(Tag Image File Format，TIFF)是一种灵活的位图格式，主要用来存储包括照片和艺术图在内的图像，最初由 Aldus 公司与微软公司一起为 PostScript 打印开发。TIFF 与 JPEG 和 PNG 一起成为流行的高位彩色图像格式。TIFF 格式在业界得到了广泛的支持，如 Adobe 公司的 Photoshop、The GIMP Team 的 GIMP、Ulead PhotoImpact 和 Paint Shop Pro 等图像处理应用、QuarkXPress 和 Adobe InDesign 这样的桌面印刷和页面排版应用，扫描、传真、文字处理、光学字符识别和其他一些应用等都支持这种格式。

本节将以输出 TIFF 格式文件为例，介绍输出单帧图像的方法。

第 1 步 将时间指示器移至准备导出单帧图像的位置，*1.* 单击【文件】菜单，*2.* 在弹出的菜单中选择【导出】菜单项，*3.* 在弹出的子菜单中选择【媒体】子菜单项，如图 12-18 所示。

第 2 步 打开【导出】对话框，*1.* 在【格式】下拉列表中选择 TIFF 选项，*2.* 单击【输出名称】选项后面的文件名，在弹出的【另存为】对话框中设置保存位置和名称，*3.* 单击【导出】按钮，如图 12-19 所示。

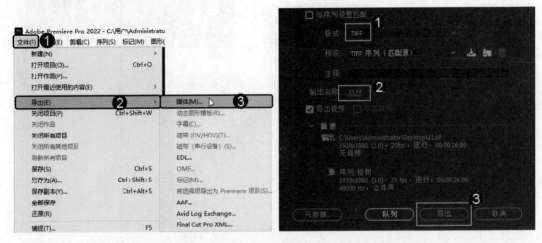

图 12-18　　　　　　　　　　　　图 12-19

12.3　输出交换文件

Premiere 2022 在为用户提供强大的视频编辑功能的同时，还具备了输出多种交换文件的功能，以便用户能够方便地将 Premiere 编辑操作的结果导入到其他非线性编辑软件内，从而在多款软件协同编辑后获得高质量的影音播放效果。

12.3.1　输出 EDL 文件

EDL(Edit Decision List)是一种广泛应用于视频编辑领域的编辑交换文件，其作用是记录用户对素材的各种编辑操作。下面详细介绍使用 Premiere 输出 EDL 文件的方法。

第 1 步 *1.* 单击【文件】菜单，*2.* 在弹出的菜单中选择【导出】菜单项，*3.* 在弹出的子菜单中选择 EDL 子菜单项，如图 12-20 所示。

第 2 步 弹出【EDL 导出设置】对话框，*1.* 调整 EDL 所要记录的信息范围，*2.* 单击【确定】按钮，如图 12-21 所示。

第 3 步 弹出【将序列另存为 EDL】对话框，*1.* 选择准备保存文件的位置，*2.* 在【文

件名】文本框中输入名称，**3.** 单击【保存】按钮，如图 12-22 所示。

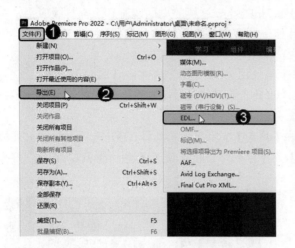

图 12-20

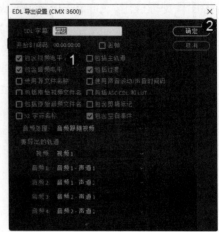

图 12-21

图 12-22

第4步 打开文件所保存到的文件夹，可以看到一个 EDL 文件，这样就完成了使用 Premiere 2022 输出 EDL 文件的操作，如图 12-23 所示。

图 12-23

12.3.2 输出 OMF 文件

OMF 的英文全称为 Open Media Framework，翻译成中文是公开媒体框架，指的是一种要求数字化音频视频工作站把关于同一音段的所有重要资料制成同类格式便于其他系统阅读的文本交换协议。下面详细介绍输出 OMF 文件的操作方法。

第1步 _1._ 单击【文件】菜单，_2._ 在弹出的菜单中选择【导出】菜单项，_3._ 在弹出的子菜单中选择【OMF】子菜单项，如图 12-24 所示。

第2步 打开【OMF 导出设置】对话框，_1._ 调整 OMF 所要记录的信息范围，_2._ 单击【确定】按钮，如图 12-25 所示。

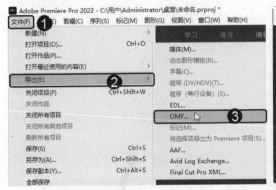

图 12-24

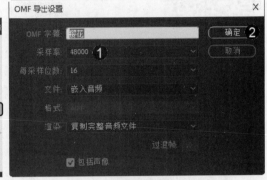

图 12-25

第3步 打开【将序列另存为 OMF】对话框，_1._ 选择准备保存文件的位置，_2._ 在【文件名】文本框中输入名称，_3._ 单击【保存】按钮，如图 12-26 所示。

第4步 打开文件所保存到的文件夹，可以看到一个 OMF 文件，通过以上步骤即可完成使用 Premiere 2022 输出 OMF 文件的操作，如图 12-27 所示。

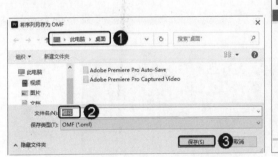

图 12-26

图 12-27

12.4　实践案例与上机指导

通过对本章内容的学习，读者基本可以掌握渲染与输出视频的基本知识以及一些常见的操作方法。下面通过实际操作，以达到巩固学习、拓展提高的目的。

12.4.1 制作电视机画面效果

本节将制作把视频放置在电视机屏幕中的效果，需要使用的知识点有为视频添加球面化、偏移、杂色与黑白等效果，为偏移效果添加关键帧动画，添加背景音乐，导出视频。

◀◀ 扫码看视频(本节视频课程时间：4 分 02 秒)

素材保存路径：配套素材\第 12 章\12.4.1
素材文件名称：12.4.1.prproj

第1步 打开项目文件，使用【剃刀工具】在 4 秒 19 帧处裁剪 "猴子.mp4" 素材，如图 12-28 所示。

第2步 使用【剃刀工具】在 13 秒 3 帧处裁剪 "猴子.mp4" 素材，如图 12-29 所示。

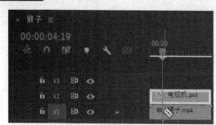
图 12-28

图 12-29

第3步 在【效果】面板的搜索框中输入 "球面化"，将搜索到的【球面化】效果拖到 V1 轨道的第 1 段素材上，如图 12-30 所示。

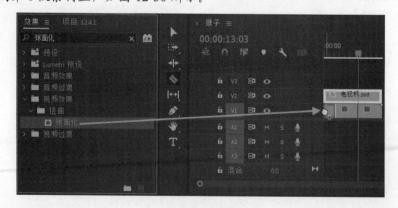
图 12-30

第4步 在【效果控件】面板中设置【球面化】选项参数，如图 12-31 所示。

第5步 在【效果】面板的搜索框中输入 "偏移"，将搜索到的【偏移】效果拖到 V1 轨道的第 2 段素材上，在【效果控件】面板中，在第 2 段素材的开始处单击【将中心移位至】选项左侧的【切换动画】按钮🔘，设置参数，创建第 1 个关键帧，如图 12-32 所示。

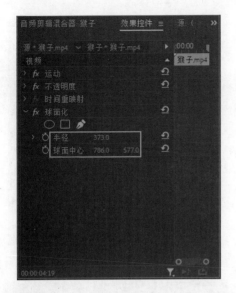

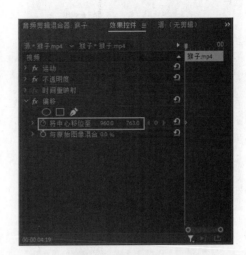

图 12-31　　　　　　　　　　　　　　　图 12-32

第6步　在 7 秒 2 帧处设置参数，创建第 2 个关键帧，如图 12-33 所示。

第7步　在 10 秒 9 帧处设置参数，创建第 3 个关键帧，如图 12-34 所示。

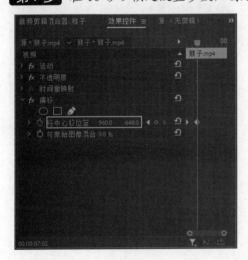

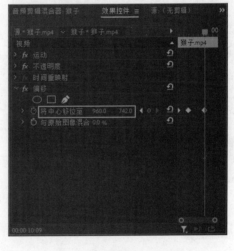

图 12-33　　　　　　　　　　　　　　　图 12-34

第8步　在 12 秒 22 帧处设置参数，创建第 4 个关键帧，如图 12-35 所示。

第9步　在【效果】面板的搜索框中输入"杂色"，将搜索到的【杂色】效果拖到 V1 轨道的第 2 段素材上，在【效果控件】面板中设置参数，如图 12-36 所示。

第10步　右击【杂色】选项，在弹出的快捷菜单中选择【复制】菜单项，如图 12-37 所示。

第11步　在【时间轴】面板中选中 V1 轨道中的第 3 段素材，右击【效果控件】面板的空白处，在弹出的快捷菜单中选择【粘贴】菜单项，如图 12-38 所示。

第12步　在【效果】面板的搜索框中输入"黑白"，将搜索到的【黑白】效果添加到 V1 轨道的第 3 段素材上，如图 12-39 所示。

图 12-35

图 12-36

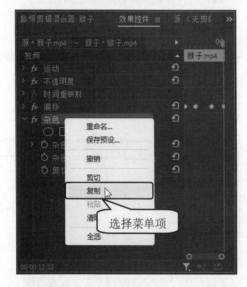

图 12-37

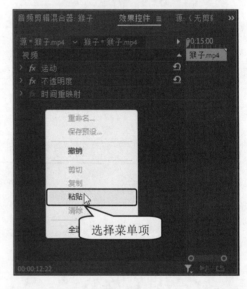

图 12-38

第13步 使用【向前选择轨道工具】将所有素材向后移动一段时间，如图 12-40 所示。

图 12-39

图 12-40

第14步 *1.* 单击【文件】菜单，*2.* 在弹出的菜单中选择【新建】菜单项，*3.* 在弹出的子菜单中选择【通用倒计时片头】子菜单项，如图 12-41 所示。

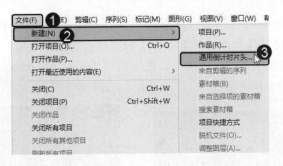

图 12-41

第15步　打开【新建通用倒计时片头】对话框，保持默认设置，单击【确定】按钮，如图 12-42 所示。

第16步　打开【通用倒计时设置】对话框，**1.** 设置【擦除颜色】【背景色】【线条颜色】【数字颜色】，**2.** 单击【确定】按钮，如图 12-43 所示。

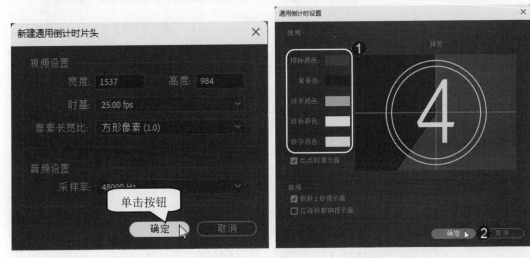

图 12-42　　　　　　　　　　　　　　图 12-43

第17步　【项目】面板中创建了通用倒计时片头，将其拖入【时间轴】面板中，如图 12-44 所示。

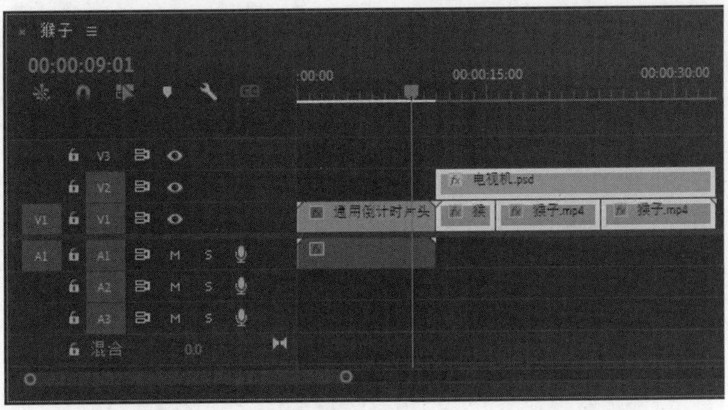

图 12-44

第18步 将"轻松.wav"素材拖入【时间轴】面板的 A1 轨道中，拓宽 A1 轨道宽度，使其能够观察波形，使用【剃刀工具】在静音结束的位置进行裁剪，如图 12-45 所示。

第19步 波纹删除静音部分的音频，再次使用【剃刀工具】裁剪多余的音频素材，删除多余的音频，如图 12-46 所示。

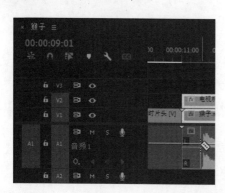

图 12-45

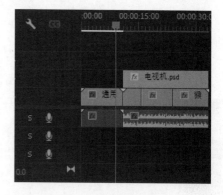

图 12-46

第20步 按 Ctrl+M 组合键打开【导出设置】对话框，**1.** 在【格式】下拉列表中选择 AVI 选项，**2.** 单击【输出名称】右侧的文件名，如图 12-47 所示。

第21步 打开【另存为】对话框，**1.** 选择保存位置，**2.** 在【文件名】文本框中输入名称，**3.** 单击【保存】按钮，如图 12-48 所示。

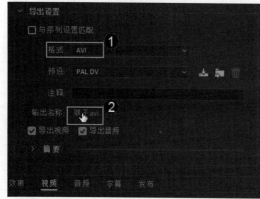

图 12-47

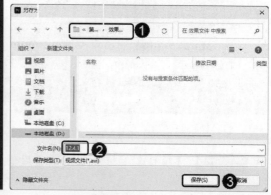

图 12-48

第22步 返回【导出设置】对话框，单击【导出】按钮开始导出视频，通过以上步骤即可完成制作电视机效果并导出视频的操作，如图 12-49 所示。

图 12-49

12.4.2　制作电子相册并导出视频

　　本案例将制作一个电子相册并导出视频,需要使用的知识点有创建项目,为素材添加【VR 数字故障】视频效果,为视频效果添加关键帧动画,添加音效,并将其导出为 AVI 格式的视频文件。

◄◄ 扫码看视频(本节视频课程时间: 2 分 02 秒)

　素材保存路径: 配套素材\第 12 章\12.4.2
　　素材文件名称: 1~4.jpg、音效.mp4

第1步　新建项目文件,将 "1.jpg" "2.jpg" "3.jpg" "4.jpg" 素材导入到【项目】面板中,并将其拖入【时间轴】面板中创建序列,如图 12-50 所示。

第2步　单击【项目】面板中的【新建项】按钮 ,选择【调整图层】选项,如图 12-51 所示。

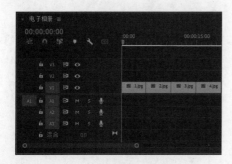

图 12-50　　　　　　　　　　　　　　　　　图 12-51

第3步　打开【调整图层】对话框,保持默认设置,单击【确定】按钮,如图 12-52 所示。

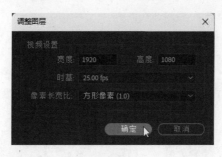

图 12-52

第4步　将调整图层拖入 V2 轨道中,放置在 1、2 素材之间,设置持续时间为 20 帧,如图 12-53 所示。

第5步　在【效果】面板的搜索框中输入 "VR",将搜索到的【VR 数字故障】效果拖到调整图层上,如图 12-54 所示。

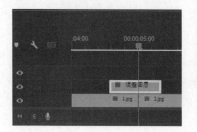

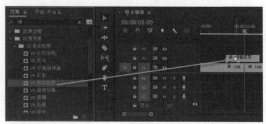

图 12-53 图 12-54

第6步 在【效果控件】面板中，将时间指示器移至 5 秒处，设置【VR 数字故障】选项下的【主振幅】【颜色扭曲】【几何扭曲 X 轴】【颜色演化】的参数，并单击【主振幅】【颜色扭曲】【颜色演化】选项左侧的【切换动画】按钮，创建关键帧，如图 12-55 所示。

第7步 将时间指示器移至 4 秒 15 帧处，设置【主振幅】【颜色扭曲】【颜色演化】选项参数，添加第 2 个关键帧，如图 12-56 所示。

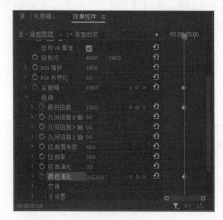

图 12-55 图 12-56

第8步 将时间指示器移至 5 秒 10 帧处，设置【主振幅】【颜色扭曲】【颜色演化】选项参数，添加第 3 个关键帧，如图 12-57 所示。

第9步 将"音效.mp3"导入【项目】面板，并将其拖入 A1 轨道中，放置在 1 和 2 两个素材连接处，如图 12-58 所示。

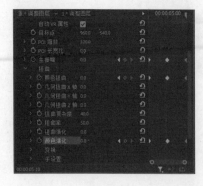

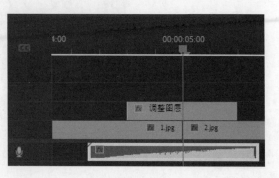

图 12-57 图 12-58

第 10 步 复制调整图层和音效素材至其他素材连接处，如图 12-59 所示。

第 11 步 执行【文件】→【导出】→【媒体】命令，打开【导出设置】对话框，在【格式】下拉列表中选择 AVI 选项，单击【导出】按钮即可完成操作，如图 12-60 所示。

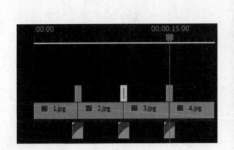

图 12-59

图 12-60

12.5　思考与练习

一、填空题

1. _____ 对话框的左半部分为视频预览区域，右半部分为参数设置区域。

2. 在【导出设置】选项组中的 _____ 区域中查看部分导出设置内容。

二、判断题

1. AVI 格式是 Premiere 2022 能导出的音频格式。　　　　　　　　　　（　　）

2. TIFF 格式是 Premiere 2022 能导出的图像格式。　　　　　　　　　　（　　）

三、思考题

1. 在 Premiere 2022 中如何输出 WMV 文件？

2. 在 Premiere 2022 中如何输出 OMF 文件？

新起点
电脑教程

第13章

制作舞台直拍蒙版转场

本章要点

- 创建项目文件
- 添加蒙版动画
- 添加关键帧动画
- 导出视频

本章主要内容

本案例将制作舞台直拍蒙版转场视频，主要是通过矩形蒙版的运动实现两个视频的叠加播放效果，非常适合拍摄同一首歌的不同舞台直拍。首先将两段素材根据音频进行同步设置，裁剪掉多余的部分，嵌套视频，对嵌套视频添加矩形形状，并为其添加【轨道遮罩键】效果，配合裁剪不断变换矩形遮罩的位置，并为矩形遮罩添加位置、旋转和缩放的关键帧动画，为嵌套素材添加【Alpha发光】效果。

13.1 创建项目文件

本节主要使用的知识点有新建项目文件，导入素材，创建序列，设置音频同步剪辑，裁剪视频长度，嵌套素材，复制素材，移动素材等内容。

◀◀ 扫码看视频(本节视频课程时间：1分)

 素材保存路径：配套素材\第 13 章\素材文件
素材文件名称：素材 1.mp4、素材 2.mp4

第 1 步 新建项目文件，双击【项目】蒙版空白处，打开【导入】对话框，将 "素材 1.mp4" 和 "素材 2.mp4" 导入【项目】面板中，将 "素材 1.mp4" 拖入【时间轴】面板中创建序列，如图 13-1 所示。

第 2 步 将 "素材 2.mp4" 拖入 V2 和 A2 轨道中，如图 13-2 所示。

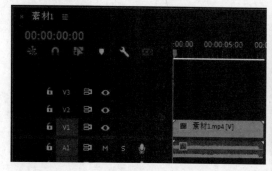

图 13-1

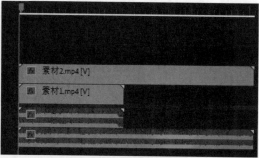

图 13-2

第 3 步 选中所有素材，右击，在弹出的快捷菜单中选择【同步】命令，如图 13-3 所示。

第 4 步 打开【同步剪辑】对话框，选中【音频】单选按钮，单击【确定】按钮，如图 13-4 所示。

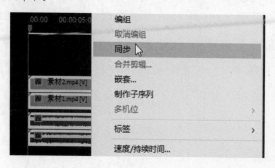

图 13-3

图 13-4

第5步 可以看到两段素材按照音频进行了同步摆放，如图 13-5 所示。

第6步 根据"素材 1.mp4"的长度缩短"素材 2.mp4"前后多余的部分，如图 13-6 所示。

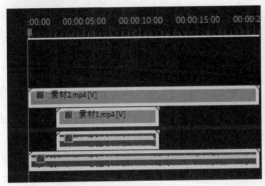

图 13-5

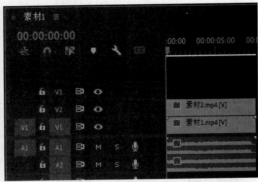

图 13-6

第7步 删除 A2 轨道上的音频，将时间指示器移至 00:00:04:39 处，缩短"素材 2.mp4"的长度，如图 13-7 所示。

第8步 右击"素材 2.mp4"，在弹出的快捷菜单中选择【嵌套】命令，如图 13-8 所示。

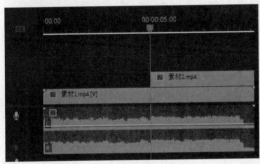

图 13-7

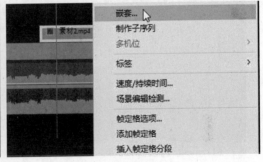

图 13-8

第9步 "素材 2.mp4"变为名为"嵌套序列 01"的嵌套素材，复制 A1 轨道中的音频至 A2 轨道，并将其缩短至与"嵌套序列 01"对齐的长度，如图 13-9 所示。

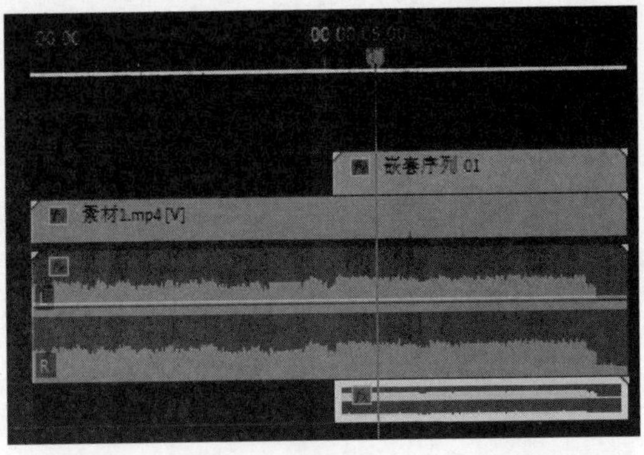

图 13-9

13.2 添加蒙版动画

使用矩形工具绘制矩形，添加【轨道遮罩键】视频效果，裁剪素材，移动矩形位置，复制素材，改变【轨道遮罩键】视频效果参数，更改矩形位置选项参数等。

◀◀ 扫码看视频(本节视频课程时间：2分46秒)

第1步 将 A2 轨道中的音频移入"嵌套序列 01"的音频轨道中，如图 13-10 所示。

第2步 在"嵌套序列 01"中，使用工具栏中的【矩形工具】▬在【节目】面板中绘制矩形遮挡住中间的舞者，在 V2 轨道中会出现形状素材，如图 13-11 所示。

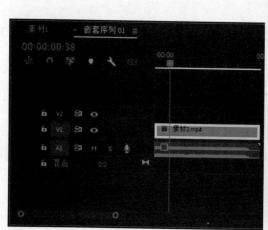

图 13-10

图 13-11

第3步 在【效果】面板中搜索"轨道遮罩键"，将搜索到的效果拖入"素材 2.mp4"上，在【效果控件】面板中设置【遮罩】选项为【视频 2】，如图 13-12 所示。

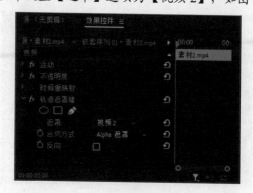

图 13-12

第4步 将时间指示器移至 00:00:00:22 处，使用剃刀工具按住 Shift 键同时裁剪 V1 和 V2 轨道中的素材，如图 13-13 所示。

第5步 选中 V2 轨道中的后一段素材，在【节目】面板中移动矩形的位置，如图 13-14 所示。

图 13-13

图 13-14

第6步 复制 V1 和 V2 轨道中的后一段素材至 V3 和 V4 轨道，如图 13-15 所示。

第7步 选中 V3 轨道中的"素材 2.mp4"，在【效果控件】面板中设置【遮罩】选项为【视频 4】，如图 13-16 所示。

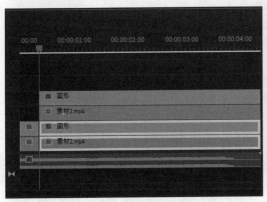

图 13-15

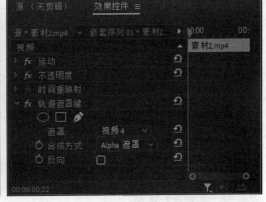

图 13-16

第8步 选中 V4 轨道中的图形素材，在【效果控件】面板下的【位置】选项中更改 X 选项参数，在【节目】面板中效果如图 13-17 所示。

图 13-17

第9步 将时间指示器移至 52 帧处，使用【剃刀工具】按住 Shift 键同时裁剪 V1、V2、V3 和 V4 轨道中的素材，如图 13-18 所示。

第10步 选中 V4 轨道中的最后一段图形素材，在【效果控件】面板下的【位置】选项中更改 X 选项参数，在【节目】面板中效果如图 13-19 所示。

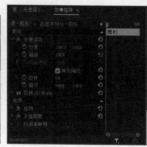

图 13-18

图 13-19

第11步 选中 V2 轨道中的图形素材，在【效果控件】面板下的【位置】选项中更改 X 选项参数，在【节目】面板中效果如图 13-20 所示。

第12步 将时间指示器移至 1 秒 13 帧处，使用剃刀工具按住 Shift 键同时裁剪 V1、V2、V3 和 V4 轨道中的素材，如图 13-21 所示。

图 13-20

图 13-21

第13步 选中 V4 轨道中的最后一段图形素材，在【效果控件】面板下的【位置】选项中更改 X 选项参数，在【节目】面板中效果如图 13-22 所示。

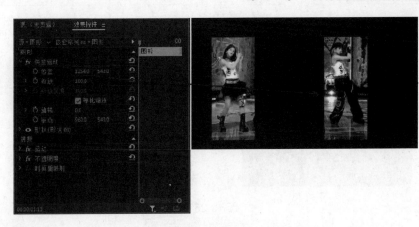

图 13-22

第 14 步 选中 V2 轨道中的最后一段图形素材，在【效果控件】面板下的【位置】选项中更改 X 选项参数，在【节目】面板中效果如图 13-23 所示。

图 13-23

第 15 步 将时间指示器移至 1 秒 41 帧处，同时选中 V3 和 V4 轨道中的最后一段素材，缩短时长至时间指示器所在的位置，如图 13-24 所示。

第 16 步 使用【剃刀工具】按住 Shift 键同时裁剪 V1、V2 轨道中的素材，如图 13-25 所示。

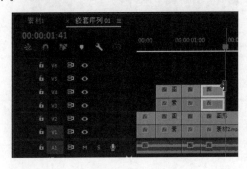

图 13-24　　　　　　　　　　　　　　　　图 13-25

第 17 步 选中 V2 轨道中的最后一段图形素材，在【效果控件】面板下的【位置】选项中更改 X 选项参数，在【节目】面板中效果如图 13-26 所示。

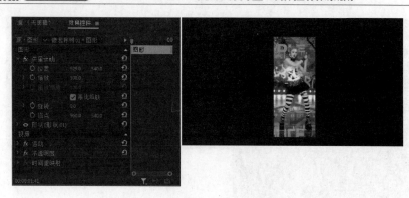

图 13-26

13.3　添加关键帧动画

为素材添加【位置】【缩放】【旋转】选项关键帧，为所有关键帧添加【缓入】【缓出】效果，为素材添加【Alpha 发光】效果，设置【Alpha 发光】效果选项参数。

◀◀ 扫码看视频(本节视频课程时间：1 分 30 秒)

第 1 步 将时间指示器移至 00:00:02:12 处，选中 V2 轨道中的最后一段图形素材，在【效果控件】面板中单击【位置】【缩放】【旋转】选项左侧的【切换动画】按钮 ，创建关键帧，如图 13-27 所示。

第 2 步 将时间指示器移至 2 秒 28 帧处，设置【缩放】【旋转】选项参数，创建第 2 组关键帧，如图 13-28 所示。

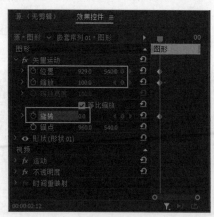

图 13-27

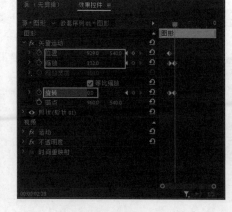

图 13-28

第 3 步 将时间指示器移至 3 秒 12 帧处，设置【位置】【缩放】【旋转】选项参数，创建第 3 组关键帧，如图 13-29 所示。

第 4 步 将时间指示器移至 3 秒 39 帧处，设置【缩放】和【位置】选项参数，创建第 4 组关键帧，如图 13-30 所示。

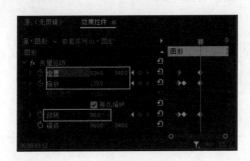

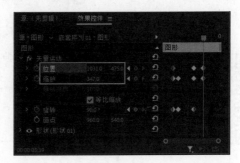

图 13-29　　　　　　　　　　　　　　图 13-30

第 5 步 选中所有的关键帧，右击，在弹出的快捷菜单中选中【临时插值】→【缓入】命令，如图 13-31 所示。

第 6 步 选中所有的关键帧，右击，在弹出的快捷菜单中选中【临时插值】→【缓出】命令，如图 13-32 所示。

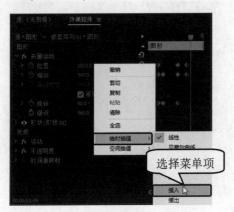

图 13-31　　　　　　　　　　　　　　图 13-32

第 7 步 返回"素材 1"序列，在【效果】面板中搜索"发光"，将搜索到的【Alpha 发光】效果拖到"嵌套序列 01"上，在【效果控件】面板中设置【Alpha 发光】选项下的【起始颜色】和【结束颜色】均为白色，设置【发光】选项参数如图 13-33 所示。

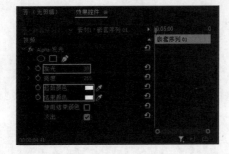

图 13-33

13.4 导出视频

执行【文件】→【导出】→【媒体】命令，打开【导出】对话框，设置格式为 AVI 选项，单击【导出】按钮，使用视频播放器查看导出的视频文件。

◀◀ 扫码看视频(本节视频课程时间：16 秒)

第1步 *1.* 单击【文件】菜单，*2.* 在弹出的菜单中选择【导出】命令，*3.* 在弹出的子菜单中选择【媒体】命令，如图 13-34 所示。

第2步 打开【导出设置】对话框，设置【格式】选项为 AVI，设置输出名称，单击【导出】按钮，如图 13-35 所示。

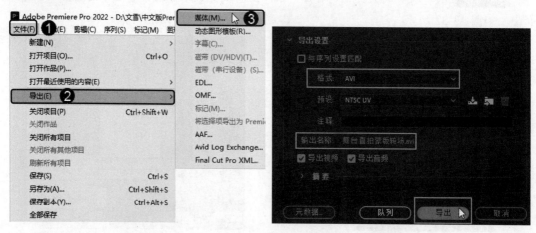

图 13-34   图 13-35

第3步 导出完成，在文件保存的文件夹打开视频文件，查看效果，如图 13-36 所示。

图 13-36

附录 A   Premiere 2022 工具、
命令与快捷键索引

Premiere 2022 工具与快捷键索引

工具名称	快捷键	工具名称	快捷键
选择工具	V	向前选择轨道工具	A
波纹编辑工具	B	剃刀工具	C
外滑工具	Y	钢笔工具	P
手形工具	H	文字工具	T
添加标记	M	标记入点	I
标记出点	O	转到入点	Shift+I
后退一帧	←	播放-停止切换	Space
前进一帧	→	转到出点	Shift+O
提升	;	提取	'
导出帧	Ctrl+Shift+E	切换多机位视图	Shift+0
多机位录制开/关	0	隐藏字幕显示	:
转到下一标记	Shift+M	转到上一标记	Ctrl+Shift+M
播放邻近区域	Shift+K	插入	,
转到上一个编辑点	↑	转到下一个编辑点	↓
清除入点	Ctrl+Shift+I	清除出点	Ctrl+Shift+O
覆盖	.	清除	Delete
查找	F	在时间轴中对其	S

Premiere 2022 命令与快捷键索引

1. 【文件】菜单快捷键

文件命令	快捷键	文件命令	快捷键
新建项目	Ctrl+Alt+N	新建序列	Ctrl+N
打开...	Ctrl+O	新建素材箱	Ctrl+/
关闭	Ctrl+W	退出	Ctrl+Q
关闭项目	Ctrl+ Shift +W	捕捉	F5
保存	Ctrl+S	另存为	Shift+Ctrl+S
保存副本	Alt+Ctrl+S	批量捕捉	F6
从媒体浏览器导入	Alt +Ctrl+I	导入	Ctrl+I
导出媒体	Ctrl+M	获取属性→选择	Shift +Ctrl+H

2. 【编辑】菜单快捷键

编辑命令	快捷键	编辑命令	快捷键
撤销	Ctrl+Z	重做	Shift+Ctrl+Z
剪切	Ctrl+X 或 F2	复制	Ctrl+C 或 F3
粘贴	Ctrl+V 或 F4	粘贴插入	Shift+Ctrl+V
粘贴属性	Alt+Ctrl+V	清除	Backspace
波纹删除	Shift+删除	重复	Ctrl+ Shift+/
全选	Ctrl+A	取消全选	Shift+Ctrl+A
查找	Ctrl+F	编辑原始	Ctrl+E
快捷键	Alt+Ctrl+K		

3. 【剪辑】菜单快捷键

剪辑命令	快捷键	剪辑命令	快捷键
制作子剪辑	Ctrl+U	速度/持续时间	Ctrl+R
启用	Shift+E	链接	Ctrl+L
编组	Ctrl+G	取消编组	Ctrl+ Shift+G

4.【序列】菜单快捷键

序列命令	快捷键	序列命令	快捷键
渲染入点到出点的效果	Enter	匹配帧	F
反转匹配帧	Shift+R	添加编辑	Ctrl+K
添加编辑到所有轨道	Shift+Ctrl+K	修建编辑	Shift+T
将所选编辑点扩展到播放指示器	E	应用视频过渡	Ctrl+D
应用音频过渡	Shift+Ctrl+D	应用默认过渡到选择项	Shift+D
放大	=	缩小	-
转到间隔	>	在时间轴中对齐	S
制作子序列	Shift+U	提升	;
提取	'		

5.【标记】菜单快捷键

标记命令	快捷键	标记命令	快捷键
标记入点	I	标记出点	O
标记剪辑	X	标记选择项	/
转到入点	Shift+I	转到出点	Shift+O
清除入点	Ctrl+Shift+I	清除出点	Ctrl+Shift+O
清除入点和出点	Ctrl+Shift+X	添加标记	M
转到下一标记	Shift+M	转到上一标记	Ctrl+Shift+M
清除所选标记	Ctrl+Alt+M	清除所有标记	Ctrl+ Shift +Alt+M

6.【窗口】菜单快捷键

窗口命令	快捷键	窗口命令	快捷键
最大化框架	Shift+	上一个效果	Alt+Shift+Ctrl+E

7.【帮助】菜单快捷键

帮助命令	快捷键	帮助命令	快捷键
Premiere Pro 帮助	F1		